Patrick van Veen

Hilfe, mein Chef ist ein Affe

Ganz natürliche Erklärungen
für unser Verhalten

Aus dem Niederländischen
von Barbara Heller
und Eva Schweikart

Knaus

Die deutschsprachige Ausgabe ist eine kombinierte, erweiterte und aktualisierte Ausgabe der beiden unter »Help, mijn baas is een aap!« (2006) und »Dierbare collega's« (2007) bei Business Contact, Amsterdam, erschienenen Bücher.

Alle Fotos mit freundlicher Genehmigung
der Stiftung Apenheul Apeldoorn Niederlande.
Fotografen: Jan Vermeer, Lilian Bartens, Maarten van der Voorde, Maurice Groot
und
Apemanagement® vof, Eijsden Niederlande;
Fotografen: Patrick van Veen, Chantal van der Meulen.

MIX
Papier aus verantwor-
tungsvollen Quellen
FSC® C006701

Verlagsgruppe Random House FSC-DEU-0100
Das für dieses Buch verwendete
FSC®-zertifizierte Papier *Munken Premium*
liefert Arctic Paper Munkedals AB, Schweden.

1. Auflage
in der Verlagsgruppe Random House GmbH
Lektorat: Dr. Julia Schmidt
Gesetzt aus der Sabon von Uhl + Massopust, Aalen
Druck und Einband: CPI – Ebner & Spiegel, Ulm
Printed in Germany
ISBN 978-3-8135-0405-7

www.knaus-verlag.de

Inhalt

1 Um was geht's hier eigentlich?

Aller Anfang ist schwer …

Zu Beginn meines Biologiestudiums bekam ich verschiedene Werkzeuge in die Hand gedrückt: eine Lupe, ein Mikroskop, Zeichensachen und ein Präparierbesteck. Mit den ersten drei sollte ich biologische Strukturen auf wissenschaftliche Weise betrachten und alles akribisch festhalten. Das Präparierbesteck bestand aus Pinzetten, Skalpell und kleinen Scheren. Damit sollte ich Pflanzen und Tiere bis ins Kleinste erforschen und unter anderem das Sozialverhalten von Lebewesen untersuchen. Das ist leider nicht immer angenehm. Mit den Scherchen manipulierte ich beispielsweise die Geschlechtsorgane von Grillen, um ihr Paarungsverhalten zu studieren.

Nach dem Studium arbeitete ich bei verschiedenen Unternehmen, unter anderem zehn Jahre bei einer Versicherung. Dabei fiel mir zum ersten Mal auf, dass auch viele Führungskräfte und Kollegen stets ihr kleines »Präparierbesteck« im Gepäck haben: Mit ihren »Pinzetten« und »Messerchen« bearbeiten sie Positionen, Verfahrensweisen und interne Systeme ihrer Angestellten und Kollegen und versuchen so, deren Verhalten zu beeinflussen. Doch was diesen Chefs fehlt, ist die Beobachtungsgabe: Sie beobachten gar nicht oder nicht genau genug!

Auch später, während meiner Ausbildung zum Manager, musste ich leider feststellen, dass sich viele Kollegen nur für das »Schnipseln« und »Schneiden« interessierten. Da ich aber das Präparierbesteck schon während des Studiums nicht sonderlich mochte, beschloss ich, mich auf das Beobachten zu verlegen. Als Biologe wusste ich natürlich, wie das funktioniert. Schwerer fiel es mir dagegen, zu verstehen, was ich sah. Deshalb griff ich auf unsere engsten Verwandten, die Affen, zurück. Ich verglich ihr Verhalten mit dem, was ich in Unternehmen beobachtete. So gelang es mir allmählich, die Ursachen menschlicher Verhaltensweisen in der Arbeitswelt zu erkennen.

▶ Ein schlauer Chef braucht gute Augen:
»Beobachten« heißt das Zauberwort.

Dieses Buch ist auf der Grundlage meiner Beobachtungen entstanden. Es ist meine Interpretation dessen, was ich gesehen habe und noch immer täglich beobachte. Ich hoffe, Führungskräften damit ein Werkzeug an die Hand zu geben, mit dem sie das Verhalten von Kollegen und Mitarbeitern besser wahrnehmen und sich dessen Bedeutung bewusst machen können. Außerdem möchte ich meinen Lesern zeigen, was sich täglich in vielen Unternehmen abspielt.

Die schnelle Lösung ist nicht die beste

Bei Konflikten sucht ein Chef meist nach einer schnellen Lösung oder Antwort. Dabei ist der Begriff »Chef« natürlich sehr weit gefasst. Im Grunde ist jeder, der Verhalten beeinflussen will, eine Art Chef, sei es ein Manager, ein Fußballtrainer oder ein Elternteil. Auch während meiner Ausbildung zum Manager bekam ich übrigens bestimmte »Werkzeuge« an die Hand, um typische Konflikte zu lösen. Reicht es tatsächlich aus, die richtigen Tricks und Fertigkeiten zu kennen, um ein erfolgreicher und guter Chef zu sein?

▶ Eine Frage kann man nur dann richtig beantworten, wenn man sie auch verstanden hat.

Ich persönlich glaube nicht an diesen Ansatz. Meiner Meinung nach führt ein tiefgreifendes Verständnis viel weiter als eine schnelle Antwort oder Lösung. Der Managementguru und Autor Stephen Covey sieht das ähnlich: Er schreibt, dass es für viele Chefs nebensächlich ist, ob eine schnelle Lösung langfristig effektiv ist. Hauptsache, das Problem verschwindet. Covey und ich sind einer Meinung: Ein Chef muss das menschliche Verhalten verstehen, um die Verhaltensweisen anderer langfristig effektiv beeinflussen zu können. Man gelangt zu wesentlich effektiveren Lösungen, wenn man den Konflikt aus einer gewissen Distanz betrachtet, unvoreingenommen die Ursachen ergründet und bis zu den eigentlichen Wurzeln des Problems vordringt. Darin, so finde ich, liegt der Wert einer tiefgreifenden Einsicht: Nur wenn man versteht, worum es wirklich geht, und die Ursachen erkennt, kann man effektiv arbeiten. Leider lernen Führungskräfte diese Lektion oft nur sehr widerwillig.

Ich kann in meinem Buch keine Patentlösungen anbieten. Aber ich kann Ihnen erklären, wie wir unser Verhalten genau beobachten können, um es zu verstehen. Auf diese Weise können auch Sie begreifen, warum sich ein Angestellter plötzlich häufig krankmeldet oder ein Kollege das Meeting verschiebt.

Sind tatsächlich nur die Gene schuld?

Ende der Achtzigerjahre entbrannte eine hitzige Debatte zum Thema »angeborenes versus erlerntes Verhalten«. Die Diskussion besteht bis heute. Phasenweise herrschte die Überzeugung vor, wir seien rein instinktgesteuerte Wesen. Dem steht die »Umwelttheorie« gegenüber. Sie besagt, dass ausschließlich Erziehung und Umwelt unser Handeln prägen. Diese Trends tauchen auch in Publikationen zum Thema Management und in pädagogischen Zusammenhängen immer wieder auf. Ständig werden neue Forschungsergebnisse veröffentlicht, die entweder die eine oder die andere Richtung stützen. Ich möchte mich für keine der Theorien entscheiden. Tatsächlich stützen nämlich drei Pfeiler unser Verhalten: Der erste ist unsere genetische Veranlagung, also alles, was in unseren Genen festgelegt ist. Dazu gehören überlebensnotwendige Grundfunktionen wie das Atmen, aber auch unsere Haarfarbe, die Körpergröße und unsere Emotionen. Offensichtlich ist auch der Drang zur Hierarchiebildung in unseren Genen verankert.

Der zweite Pfeiler ist unser soziales Umfeld, das uns in vielfältiger Weise prägt. Es bestimmt, in welchem Ausmaß wir unsere Emotionen nach außen tragen, und auch, wie wir mit Hierarchien umgehen.

Der dritte Pfeiler schließlich ist unsere Persönlichkeit. Die genetische Veranlagung ist vorgegeben, das soziale Umfeld wird von einer Gruppe geformt, die Persönlichkeit aber macht jeden Menschen zu einem Individuum. In der Persönlichkeit vereinen sich Angeborenes und Erlerntes auf besondere Weise. Sie beinhaltet zudem all die Werte und Normen, die wir von unseren Eltern über die Erziehung mitbekommen haben. Die Persönlichkeit ist also teilweise eine Kombination der ersten beiden Pfeiler und bildet zugleich ein Element für sich, sie ist unser Temperament. Die Persönlichkeit bestimmt zum Beispiel, ob wir eine Führungsrolle übernehmen können und wollen oder nicht.

▶ Drei Pfeiler tragen unser Verhalten: Gene, Umwelt und Persönlichkeit.

Experten reden sich zurzeit die Köpfe darüber heiß, zu welchen Anteilen uns die Pfeiler zu dem machen, was wir sind. Für mich ist diese Frage ohne Belang! Die Gene, das soziale Umfeld und unsere Persönlichkeit beeinflussen sich gegenseitig. Wer das Verhalten verstehen will, muss alle drei ergründen. Leider richtet sich das Hauptaugenmerk in einem Unternehmen meist auf die Persönlichkeit. Das soziale Umfeld und die genetische Veranlagung werden vernachlässigt oder ignoriert.

Mit diesem Buch möchte ich auf die Gene als eine der Grundlagen unseres Verhaltens aufmerksam machen, ohne dass die beiden anderen Elemente dabei zu kurz kommen. Ich lade Sie ein, noch einmal die Schulbank zu drücken und sich ein wenig mit Biologie zu befassen!

Sind Menschen Affen?

Genetische Untersuchungen haben ergeben, dass 98,4 Prozent unserer Gene mit denen der Schimpansen identisch sind – Grund genug, das Sozialverhalten eines Chefs mit dem von Schimpansen zu vergleichen. Dennoch: Die übrigen 1,6 Prozent können einen großen Unterschied ausmachen. Darüber hinaus können auch Umweltfaktoren bewirken, dass wir ein anderes Sozialverhalten an den Tag legen als unsere Mit-Menschenaffen.

▶ Nur 1,6 Prozent unserer Gene unterscheiden sich von denen der Schimpansen, der Rest ist identisch.

Biologisch gesehen, gehören wir Menschen gemeinsam mit Schimpansen, Bonobos, Gorillas und Orang-Utans zur Gruppe der Menschenaffen. Die folgenden Eigenschaften haben wir Menschenaffen gemeinsam. Sie machen unser Sozialverhalten zu einem der komplexesten unter den Säugetieren.

Menschenaffen wollen lernen

Alle Menschenaffen können und müssen lernen. Das ist auch einer der Gründe, warum die Phase der Kindheit bei Affen und Menschen etliche Jahre dauert. So bleibt genügend Zeit, um zahllose praktische Fertigkeiten von den Eltern zu erlernen. Wie beschaffe ich Nahrung? Welche Gefahren birgt meine Umwelt?

▶ Lernen macht Spaß!

Affenjunge lernen, woran man feindliche Tiere erkennt, Menschenkinder lernen, die Straße zu überqueren. Beiden wird beigebracht, sich vor fremden Tieren bzw. Menschen in Acht zu nehmen. Affenjunges und Menschenkind eignen sich außerdem soziale Fertigkeiten an, teils durch Spiel, teils durch Beobachtung. Doch nicht nur als junge »Affen« lernen wir, auch als Erwachsene bewahren wir uns eine große Lernfähigkeit.

Probieren geht über Studieren. Affenkinder entdecken die Welt, indem sie beobachten, was die erwachsenen Tiere machen. Vieles probieren sie aber auch einfach aus, zum Beispiel, ob bestimmte Pflanzen essbar sind oder nicht.

Menschenaffen können die Konsequenzen einschätzen

Affen und Menschen können die Auswirkungen ihres Verhaltens abschätzen. Dabei haben sie oft auch den Status anderer
im Auge.

▶ Menschenaffen wissen genau, was sie tun.

Ein Beispiel aus der Affenwelt: Ein Schimpanse wird nach
einem Kampf zwischen zwei Mitgliedern seiner Gruppe wohl
eher den Gewinner als den Verlierer lausen. Er weiß nämlich
sehr wohl um die Folgen seiner Entscheidung. Auch wenn er
sein Futter mit anderen teilt, tut er das nicht völlig selbstlos,
sondern erhofft sich davon einen Nutzen für später.

15

Menschenaffen besitzen ein Bewusstsein ihrer selbst, sie können sich (mit Ausnahme des Gorillas) in einem Spiegel erkennen. Das befähigt sie, auch ihre Stellung in der Gruppe zu erfassen. Zudem sind sie in der Lage, die Absichten anderer einzuschätzen, und besitzen die Fähigkeit, andere Individuen und/oder Situationen zu kontrollieren.

Menschenaffen wollen denken

Menschenaffen verfügen über ein hohes Maß an Intelligenz. Sie sind imstande, komplex zu denken. Das beweisen folgende Erkenntnisse:
- Menschenaffen sind in relativ hohem Maß fähig, sich an veränderliche Umstände anzupassen.
- Menschenaffen können den Ausgang unterschiedlicher Situationen vorhersehen.
- Menschenaffen können sich an veränderte Bedingungen in einer Gruppe anpassen (zum Beispiel an eine wechselnde Rangordnung).
- Menschenaffen probieren immer wieder neue Verhaltensweisen aus.

▶ Menschenaffen haben Grips!

Diese Eigenschaften bestimmen größtenteils unser komplexes Sozialverhalten.

Ist der Chef ein Verhaltensforscher?

Bekannte Wissenschaftlerinnen, wie Dian Fossey und Jane Goodall, haben mit ihren Feldforschungen an Schimpansen und Gorillas dazu beigetragen, dass wir das Verhalten der Af-

16

fen besser verstehen. Die Verhaltensbiologie befasst sich mit der Untersuchung und Erklärung von Verhalten. Die Forscher gehen dabei schrittweise vor:

- *Schritt 1: Beobachtung.* Zunächst sieht der Biologe »einfach« nur hin. Er beobachtet und hält präzise fest, was er sieht. Ein Beispiel: Der Forscher legt sich auf ein Schimpansenweibchen in einer Gruppe fest. Er notiert, wann es schläft, wann es frisst, wann und wie es Kontakt mit den anderen Affen aufnimmt. Diese Beobachtungen wiederholt er an mehreren Tagen, jeweils zur selben Uhrzeit.
- *Schritt 2: Ursache erkennen.* Anschließend versucht der Verhaltensforscher das Gesehene zu erklären. Warum greift das Schimpansenweibchen ein anderes an? Warum verlässt es die Gruppe?
- *Schritt 3: Zweck erkennen.* Schließlich versucht der Biologe herauszufinden, welcher tiefere Sinn in einem Verhalten liegt. Welchen langfristigen Nutzen zieht das Schimpansenweibchen aus den Angriffen? Steckt Absicht dahinter?

Auch ein Chef kann zumindest die ersten beiden Schritte durchlaufen und auf diese Weise zu einem guten »Verhaltensforscher« werden. Das Verhalten seiner Mitarbeiter kann ihm nämlich eine Menge über die internen Abläufe, die sozialen Prozesse, die Gesundheit des Unternehmens und die Loyalität seiner Mitarbeiter verraten.

▶ Sehen und verstehen: Verhaltensforscher wissen, wie das geht.

Vor allem nach einer Veränderung im Verhalten sollte er stets Ausschau halten. In der Praxis brauchen Führungskräfte oft noch viel Übung, um die drei Schritte richtig zu durchlaufen.

Warum muss ein guter Chef beobachten?

Ein guter Chef braucht Beobachtungsgabe. Außerdem muss er natürlich das Normverhalten seiner Mitarbeiter kennen, damit er überhaupt Veränderungen wahrnehmen kann. Wenn er dann genau hinsieht, verrät ihm das Verhalten seiner Angestellten viel über Spannungen in der Firma. Es zeigt ihm, ob Neuerungen gut umgesetzt werden oder ob unter den Kollegen Unfrieden herrscht. Auch die Häufung eines bestimmten Verhaltens oder dessen Veränderung liefern spannende Informationen: Wie oft holen sich meine Mitarbeiter Kaffee? Warum tut das meine Teamassistentin plötzlich viermal am Tag? Was hat sich geändert? Auch das Verhalten des Einzelnen innerhalb der Gruppe hat für einen Chef starke Aussagekraft: Wer hat mit wem auf welche Weise Kontakt? Verrät das etwas über die Gruppe?

▶ Nur wer das »Normale« kennt, kann das »Unnormale« sehen.

In der Praxis sind Führungskräfte tatsächlich oft blind wie Maulwürfe. Vielen gehen erst die Augen auf, wenn sie mit knallharten Zahlen, etwa über Krankenstand und Fluktuation, konfrontiert werden. Erst dann werden sie auf den möglichen Stress der Mitarbeiter aufmerksam und fangen an, über Lösungen nachzudenken. Die verdeckten oder offenen Signale, die den knallharten Zahlen vorausgehen, werden übersehen: vermehrter Klatsch und Tratsch, kleine Fluchten (Kaffeeholen), Dienst nach Vorschrift, gedrückte Stimmung und gehäufte Krankmeldungen. Die Belegschaft selbst registriert eine gestörte Atmosphäre und Verhaltensänderungen dagegen meist sehr genau.

Eine weitere Lektion in Sachen Beobachten erteilte mir Jane Goodall, der ich 2009 zum ersten Mal persönlich begegnete. Die meisten Verhaltensbiologen arbeiten mit Protokollen, Beobachtungsbögen und anderen Techniken, die ich auch in meinen Schulungen den Führungskräften an die Hand gebe. Janes Lektion war leicht:»Lege Protokolle und sonstige Hilfsmittel immer wieder beiseite und schau nur zu!«Ihre bedeutendsten Entdeckungen (zum Beispiel dass Schimpansen sich von Fleisch ernähren und Werkzeuge benutzen) hat Jane Goodall gemacht, indem sie unvoreingenommen hingesehen hat. Sie ist offen für das, was die Augen ihr übermitteln.

▶ Benutze deine Augen!

Ein guter Chef muss also vor allem lernen zu schauen, ohne irgendetwas zu erwarten. Fern von Urteil oder Protokoll sollte er für jede neue Wahrnehmung zugänglich sein.

Warum muss ein guter Chef die Ursache kennen?

Ein Chef sollte versuchen, Aktion und Reaktion in Verbindung zu bringen. Er mag zwar durchaus richtige Beobachtungen anstellen, aber vielfach erweist er sich dann leider als wahrer Meister darin, falsche Erklärungen oder Ursachen zu suchen. Nur selten wird ein hoher Krankenstand auf Führungsversagen zurückgeführt. Verschlechtert sich die Stimmung in der Abteilung, wird man den Grund dafür nicht ohne Weiteres in zu rasch eingeführten Neuerungen sehen.

▶ Es ist nicht immer alles so, wie es scheint. Ein Verhalten kann verschiedene Ursachen haben. Überlegen Sie genau!

Während ein Prozess noch im Gange ist, fällt es natürlich schwer, die eigentliche Ursache zu benennen. Im Nachhinein allerdings, wenn die potenziellen Schuldigen das Feld geräumt haben, sind zutreffende Analysen sehr wohl möglich.

Ein Verhaltensforscher kann das Verhalten eines Individuums in einer Gruppe nur verstehen und erklären, wenn er auch das Verhalten der anderen Gruppenmitglieder kennt. Er beobachtet also stets auch die Wirkung eines Verhaltens auf andere und berücksichtigt dabei auch zurückliegende Vorgänge. Manchmal blickt er sogar über das betreffende Individuum und über die ganze Gruppe hinaus. Denn er weiß sehr gut, dass Veränderungen in der Umgebung einer Gruppe deren Verhalten beeinflussen können.

▶ Lassen Sie Wissen und Erfahrung spielen, wenn Sie eine Beobachtung interpretieren!

Ein Beispiel aus der Affenwelt: Ein neues Gehege bedeutet für die Affen Stress. Erhöhte Aggression, verminderte Futteraufnahme oder Zusammenrottungen können die Folge sein. Glücklicherweise weiß der Tierpfleger aus Erfahrung, wann sich das Verhalten seiner Tiere verändert. Minimale Abweichungen (etwa in der Reihenfolge, in der die Tiere ihre Schlafkäfige aufsuchen) weisen ihn darauf hin, dass etwas im Busch ist. Erfahrung und Wissen über eine bestimmte Affenart liefern ihm Ursache oder Auslöser eines Verhaltens, zum Beispiel eine Veränderung der Rangordnung. Wichtig ist, dass der Pfleger seine Tiere kennt, die Gruppe als Ganzes ebenso wie die einzelnen Individuen, vor allem auch, was Charakter und Verhalten anbelangt. Auch ein guter Chef sollte also seine »Tiere« gut kennen und immer auf sein Wissen und seine Erfahrung vertrauen.

Noch etwas sollte sich eine Führungskraft bewusst machen, wenn sie das Verhalten von Mitarbeitern erklären möchte: die eigene Rolle. Auch der Chef selbst gehört der Gruppe an, die er beobachtet. Dadurch beeinflusst er permanent das Verhalten der anderen Gruppenmitglieder. Zugleich ist er der formale Anführer der Gruppe, eine Rolle, die sein Verhalten und das der anderen Gruppenmitglieder zusätzlich prägt. Die Ursache der Verhaltensänderung eines Mitarbeiters kann also durchaus im Verhalten des Chefs selbst liegen. Nimmt der Stress in der Gruppe zu, wird er, als quasi externer Beobachter, nur schwer wahrnehmen, dass der Grund dafür sein eigenes Fehlverhalten ist. Deswegen braucht jemand, der das Verhalten der eigenen Gruppe verstehen will, ein hohes Maß an Abstraktionsvermögen. Er muss sich gewissermaßen außerhalb der Gruppe stellen und sich in der dritten Person sehen. Zwei gleichrangige Führungskräfte tun gut daran, die Gruppen der jeweils anderen im Auge zu behalten. Dazu müssen sie natürlich offen für Feedback sein.

▶ Achtung! Es könnte sein, dass Sie selbst Teil der Gruppe sind, die Sie gerade beobachten.

Vergessen wir nicht, dass die Interpretation von Verhalten auch immer spekulativ ist! Verhaltensbiologen erklären beispielsweise das Futterteilen bei Schimpansen als ein Erkaufen von Unterstützung (Bündnis). Das ist und bleibt jedoch eine Interpretation, die sich schwerlich eindeutig beweisen lässt.

▶ Mit einem Feedback lassen sich Spekulationen schon im Vorfeld aus dem Weg räumen.

Verhaltensforscher untermauern ihre Annahmen mit Experimenten. Für einen Chef steht eine einfachere, bereits genannte Möglichkeit zur Verfügung, um den Raum für Spekulationen möglichst klein zu halten: das Feedback an seine Mitarbeiter. Für viele hat es zwar einen negativen Beigeschmack, weil sie Kritik befürchten und denken, dass sich der »Anführer« über ihre Arbeit beschweren wird. Trotzdem ist das Feedback eine überzeugende Methode der Ursachensuche. Es gibt den Mitarbeitern ehrliche Rückmeldung über ihr Verhalten und ist auf alle Fälle wirksamer, als Veränderungen zu ignorieren!

Warum muss ein guter Chef den Zweck kennen?

Verhaltensbiologen wollen wissen, welcher Zweck hinter einem bestimmten Verhalten oder Verhaltensmuster steckt. Welchen langfristigen Nutzen hat ein bestimmtes Verhalten für das Individuum?

▶ Fragen Sie nach dem tieferen Sinn eines Verhaltens, und Sie verstehen es noch besser!

Führungskräfte stellen sich diese Frage selten. Ihnen genügt es, wenn überhaupt, ein Verhalten zu erklären oder zu begründen, also den Schritt 2 zu gehen, um auf diese Weise das Unternehmen besser leiten zu können. Es kann aber durchaus sinnvoll sein, sich ab und zu mit dem tieferen Sinn eines Verhaltens oder einer Unternehmensstruktur zu befassen: Warum arbeiten wir in einem sozialen Verband? Warum legen wir dabei ein bestimmtes Verhalten an den Tag? Darauf gehe ich in den anderen Kapiteln dieses Buches ein.

Spieglein, Spieglein an der Wand ...

Ab dem Alter von achtzehn Monaten erkennen Menschen ihr Spiegelbild. Sie gehören damit zu den wenigen Säugetieren, die ein Bewusstsein von sich selbst haben. Übrigens können auch Schimpansen, Bonobos, Orang-Utans, Elefanten und Delfine sich selbst erkennen, wenn sie in einen Spiegel schauen. Dieses Ich-Bewusstsein hat weitreichende Folgen für unser Verhalten.

Dank unseres Selbst-Bewusstseins, können wir beim morgendlichen Blick in den Spiegel überprüfen, ob wir ordentlich frisiert sind und unsere Kleidung richtig sitzt. Beim Rasieren oder Schminken geht so nichts mehr schief. Der Spiegel reflektiert uns selbst.

Auch im übertragenen Sinn können wir in den Spiegel sehen: Die Selbst-Reflexion regt uns an, über die Auswirkungen unseres Handelns nachzudenken. Diese Fähigkeit hat die Spezies Mensch schon vor Urzeiten entwickelt, lange bevor es den Spiegel gab. Unsere Urahnen blickten also nicht nur ab und zu auf eine spiegelnde Wasserfläche. Nein, sie dachten auch über sich und ihr Verhalten nach. Diese Reflexion brachte und bringt uns immer noch große Vorteile: Damals wie heute erhöht(e) sie unsere »Überlebenschancen«. Das Selbst-Bewusstsein sichert dabei nicht nur das »Überleben« des Einzelnen, sondern auch das der Gruppe. Daher leben Menschenaffen und die anderen Säugetiere, die ich zu Beginn genannt habe, in komplexen sozialen Gruppen zusammen.

▶ Halten Sie sich den Spiegel vor. Was sehen Sie?

Manch ein Chef sieht mehrmals täglich in den Spiegel, um seine Frisur oder den Sitz seiner Krawatte zu prüfen. Er und auch seine Mitarbeiter täten gut daran, auch im übertragenen Sinn öfter in den Spiegel zu schauen und sich zu fragen, was sie sehen: Welches Verhalten lege ich an den Tag, und welche Absichten stecken dahinter?

Dieses Buch soll ein Spiegel sein, für mich selbst, für meine (früheren) Kollegen, für die Teilnehmer meiner Workshops und für alle, die bereit sind, auf Distanz zu sich selbst zu gehen und über ihr Verhalten nachzudenken. Dabei möchte ich mit Ihnen einen Blick auf unsere nächsten Verwandten werfen: Die Affen spiegeln menschliche Verhaltensweisen wider, die seit Urzeiten in unseren Genen verankert sind. Die Tiere können uns daher helfen, unser eigenes Verhalten zu verstehen.

2 Machtspielchen

Wer ist hier der Boss?

Das Geheimnis der Hierarchie

Viele Fachbücher beschreiben die Hierarchie eines Unternehmens als einen dehnbaren Begriff: Demnach kann jede Firma selbst bestimmen, wie viele hierarchische Ebenen sie unterscheidet. Sie hat außerdem die Wahl zwischen einer flachen und einer stark hierarchisch gegliederten Organisation.

▶ Bei den Affen dreht sich alles um die Rangordnung.

In der Affengruppe ist die Hierarchie der zentrale Pfeiler, um den das soziale Leben kreist. Sie bestimmt nicht nur, wer bei der Futterverteilung Vorrang hat, sie beeinflusst auch sämtliche sozialen Interaktionen. Jedes Individuum steht in einer hierarchischen Beziehung zu den anderen Gruppenmitgliedern, denn Affen leben in Gruppen, in denen jedes Tier seinen bestimmten Rang hat. Jeder Affe ist dabei bestrebt, sich seinen Platz in der Rangordnung zu sichern und ihn auch zu behaupten. Dieses Bestreben spiegelt sich im Verhalten wider: Ein mächtiges Affenmännchen, das mit gesträubtem Fell, gewölbtem Rücken und weit aufgerissenen Augen durch die Gruppe stürmt, will allen zeigen, wer das Sagen hat. Affen, die einander lausen, wollen Freundschaft schließen oder legen auf diese Weise Streitigkeiten bei. Vor allem aber möchten sie sich für den Konfliktfall die Unterstützung des Gelausten sichern. Deshalb betreiben sie die Fellpflege möglichst demonstrativ und in aller Öffentlichkeit und »prahlen« mit ihrem Kumpel: «Seht her, wir tun was füreinander.«

▶ Der Chef auf dem Papier ist nicht immer der wahre Chef.

In einem Unternehmen und in der Theorie ist die Hierarchie zunächst eine Anzahl von Namen, festgehalten in einem Organigramm. Es legt fest, wer wessen Chef ist, wer wofür zuständig ist, wer welche Entscheidungen treffen darf und welche Vorteile mit welcher Funktion verbunden sind. An diesem Schema scheinen sich alle zu orientieren. Man respektiert einander aufgrund der dazugehörigen Verantwortlichkeiten, Rechte und Pflichten. In der Praxis aber sieht es ganz anders aus: Der Begriff »Hierarchie« wird, genau wie in der Affengruppe, viel dynamischer umgesetzt. Das Organigramm ist Papier, es macht sich gut im Geschäftsbericht. Der dort aufgeführte Chef ist aber sehr häufig nicht der tatsächliche Boss. Jeder weiß, dass derjenige, der auf dem Papier ganz oben steht, nicht immer die mächtigste Person im Unternehmen sein muss. Das kann auch seine Assistentin sein, seine Ehefrau, der Zweite auf der Liste, der Controller, der EDV-Chef oder der Marketingleiter. Die Situation kann sich außerdem ständig und sehr schnell ändern. Denn die reale Macht liegt bei dem, der sie einfordert, ob lautstark oder eher im Hintergrund, ob bewusst oder unbewusst. Wie bei den Affen ist die »wahre« Macht nicht einfach gegeben, sondern muss erobert werden. Die soziale Interaktion unter Kollegen spielt dabei eine zentrale Rolle.

Lem, der Anführer der Berberaffen im Zoo von Apenheul zwischen 1990 und 2006:
Er wirkte zwar nicht sonderlich gestresst, trug aber trotzdem eine hohe Verantwortung. Schließlich sorgte er dafür, dass sich die große Damengruppe
(13 Weibchen) auch ordentlich benahm. Es gab nur ein weiteres Männchen,
das ihn in dieser anspruchsvollen Aufgabe unterstützte. Lem war ein Anführer
von körperlicher Kraft, der keine Widerworte duldete und trotzdem wegen seines
sanften Charakters verehrt wurde.

Wir brauchen den Anführer!

Was wäre eine Firma ohne Chef? Egal, wie flach die Hierarchie auch sein mag, und gleichgültig, wie eindeutig die Gleichberechtigung geregelt ist: Einer ist immer der Boss. Wie gesagt, kommt es dabei nicht darauf an, ob und wie das formal
festgelegt wurde, sondern eher darauf, wer sich im sozialen
Miteinander als Anführer entpuppt.

Nicht jedem mag die Tatsache gefallen, dass es Hierarchien
gibt und nur eine bestimmte Person das Sagen hat. Für den
Biologen aber, der eine Gruppe Affen oder Kollegen beobach-

tet, liegt es klar auf der Hand: Es gibt einen Chef, und das ist gut so. Denn wenn feststeht, wer der Anführer ist, muss nicht um alles und jedes gezankt werden. Das schafft Klarheit und Sicherheit. Der Chef der Gruppe trifft nämlich die Entscheidungen. Bei den Affen beispielsweise bestimmt er, wer bei der Futterverteilung was bekommt, und verhindert Auseinandersetzungen bei der Paarung mit fruchtbaren Weibchen. Je stärker der Anführer ist, desto mehr Ruhe und Stabilität herrschen in der Gruppe.

▶ Ein starker Führer bedeutet Ruhe, Sicherheit und viele Nachkommen. Affen und Menschen brauchen einen Chef!

Auch im Unternehmen bietet eine strikte Hierarchie mit einer Führungskraft an der Spitze die Vorteile von Klarheit, Ruhe und Stabilität. Ein Chef fordert uns zwar oft zur Auflehnung heraus. Trotzdem ziehen wir aus seiner Entschlusskraft und seiner klaren Linie auch einen eindeutigen Nutzen.

Frauenpower

Warum gibt es so wenige weibliche Chefs? Hier kann uns ein Blick auf unsere tierischen Verwandten weiterhelfen: Bei den Bonobos haben nämlich die Frauen das Sagen. Obwohl die Bonoboweibchen den Männchen körperlich unterlegen sind, verhalten sich Letztere unterwürfig. Das Alphaweibchen der Gruppe bestimmt, was läuft: Sie kann einem männlichen Artgenossen das Futter wegnehmen, ihn von einem gemütlichen Ruheplatz verscheuchen oder ihn zwingen, sich mit ihr zu paaren. Böse Zungen behaupten sogar, das sei der Grund, weshalb diese Tiere lange Zeit nicht in Zoos zu sehen waren:

Liboso, Jill und Lomela: die weibliche Führungscrew der Bonobogruppe von Apen-heul. Anders als bei den übrigen Menschenaffen sind bei den Bonobos die Weib-chen dominant. Zwar sind die Männchen körperlich größer und kräftiger und könnten bei einem Kräftemessen jedes weibliche Gruppenmitglied besiegen. Die Weibchen schließen jedoch Bündnisse untereinander. Würden die Männ-chen ihre körperliche Kraft austesten, wären sie mit geballter Frauenpower kon-frontiert. Jeglichen Dominanzanspruch müssten sie sich rasch wieder aus dem Kopf schlagen.

Man habe verhindern wollen, dass sich Menschenfrauen zu viel von ihren tierischen »Vorstreiterinnen« abschauen.

▶ Bei den Bonobos haben die Weibchen das Zepter in der Hand.

Der wahre Grund dafür liegt natürlich anders: Die Bonobos wurden sehr spät als eigene Art klassifiziert, nämlich 1929. Erst vor relativ kurzer Zeit, in den Siebzigerjahren, begann man, ihr Sozialverhalten zu erforschen, und fand heraus, dass bei ihnen die Weibchen dominieren.

Doch welche Strategien haben die Bonoboweibchen, um ein weiblich dominiertes System aufrechtzuerhalten? Ist es tatsächlich nur der berüchtigte weibliche Charme? Und noch wichtiger: Können unsere weiblichen Führungskräfte etwas von den Bonoboweibchen lernen?

Rendezvous in der Kaffeeküche?

Es ist ja schon fast spruchreif: Bonobos zeigen eine (aus menschlicher Sicht) extreme Sexbesessenheit. Bei buchstäblich jeder Gelegenheit haben sie Sex. Sie lösen damit Konflikte, bauen Stresssituationen ab und Momente der Zuneigung auf, feiern eine Wiederbegegnung nach vorübergehender Trennung oder bringen Entspannung in eine aufgeregte Gruppe.

Make love not war. Bonobos unterscheiden sich von Schimpansen unter anderem durch ihr auffallend friedliebendes Wesen. Sie streiten wenig, körperliche Auseinandersetzungen sind kurz, und Begegnungen zwischen Mitgliedern verschiedener Gruppen in freier Wildbahn laufen meist friedlich ab. Bonobos sind ausgesprochen sensible Tiere, und ihr Ventil für Stresssituationen aller Art heißt Sex.

Sex als Allheilmittel auch bei uns Menschen? Nun, im Arbeitsleben fürchten die Männer eher den weiblichen Charme, der ja auch tatsächlich eine wirksame Waffe sein kann. Es lässt sich nicht leugnen, dass attraktive Frauen in Spitzenpositionen nicht selten im Verdacht stehen, die Karriereleiter unter Einsatz ihrer Weiblichkeit erklommen zu haben.

Beste Freundinnen

Ist das nun der Grund, weshalb bei den Bonobos die Weibchen an der Macht sind? Nein, Sex ist nur ein Aspekt, der die Machokultur der Bonobos bedroht. Obwohl die Bonoboweibchen den Männchen körperlich unterlegen sind, verhalten sich Letztere ihnen gegenüber unterwürfig.

▶ Gegen verbündete Bonoboweibchen kommt kein Männchen an.

Was unterscheidet nun Bonoboweichen von den Weibchen der anderen Menschenaffenarten? Ganz einfach: Sie haben noch einen Trick, um ihre Macht zu stärken: Sie verbünden sich, bilden stabile Allianzen und unterstützen sich gegenseitig. Natürlich haben sie weiterhin Konflikte untereinander. Aber wenn es darum geht, die Männchen zu dominieren, bilden die Weibchen eine geschlossene Front. Das Resultat liegt auf der Hand: Ein Männchen kann es zwar mit einem Weibchen aufnehmen, bei zwei oder mehr zieht er aber den Kürzeren.

Die Methode scheint leicht auf uns Menschen übertragbar: Eine Kollegin sucht sich eine oder mehrere andere, und gemeinsam bilden sie ein starkes Bündnis. Warum findet man bei uns trotzdem immer noch so wenige Frauen in Führungspositionen? Die Antwort liegt auf der Hand: In der Praxis wird das Modell noch nicht angewandt! Frauen imitieren im Arbeitsalltag lieber das Verhalten ihrer männlichen Kollegen. Statt eine Verbündete zu finden, versuchen sie, die männlichen Konkurrenten mit ihren eigenen Waffen zu schlagen: Sie möchten machohaft wirken, sägen am Stuhl des anderen und treten offen in Konkurrenz. Einige infiltrieren sogar über lange Zeit aufgebaute Netzwerke, die bislang ausschließlich Männern vorbehalten waren.

▶ Viele Frauen stehen sich gegenseitig im Weg.

Bei Beobachtungen im Kollegenkreis fiel mir zudem auf, dass viele Frauen sich selbst Einschränkungen auferlegen. Statt sich vorbehaltlos zusammenzuschließen und Koalitionen zu bilden, machen sie sich gegenseitig Konkurrenz. Ein Beispiel dafür ist die Kleidung: In unserer Gesellschaft ist Männern daran gelegen, sich äußerlich möglichst wenig von den Geschlechtsgenossen zu unterscheiden. Wenn der Anzug Standard ist, tragen alle einen Anzug. Die Devise lautet: nicht auf- oder gar aus dem Rahmen fallen. Die neue Krawatte, das schicke Hemd oder der figurfreundliche Maßanzug sind unter männlichen Kollegen nur selten ein Thema.

Frauen dagegen legen Wert auf Individualität. Auf keinen Fall wollen sie genauso angezogen sein wie andere Frauen. Ein schönes Beispiel dafür ist das Hotelfrühstück vor einer externen Fortbildung: Wie ich immer wieder feststelle, schert sich der Durchschnittsmann in dieser Situation relativ wenig um sein äußeres Erscheinungsbild. Er erscheint meist lässig (bis nachlässig) gekleidet, in etwa so, wie man ihn am Samstagnachmittag zu Hause antreffen würde: Freizeitkleidung, von Jeans bis Jogginganzug. Die Frauen dagegen kommen zum Frühstück genauso wie zum Arbeitsplatz: wie aus dem Ei gepellt, perfekt geschminkt und nach Möglichkeit besser gekleidet als ihre Geschlechtsgenossinnen. Dieses Konkurrenzdenken verbessert mit Sicherheit nicht die Karrierechancen der Frauen!

▶ Frauen, macht es wie die Bonobos!

Wenn sich Kolleginnen untereinander verbündeten, würden Frauen bei Wahlen grundsätzlich für Frauen stimmen. Sie könnten schon im Vorfeld dafür sorgen, dass nur weibliche Kandidaten für den Vorsitz (oder welche Position auch immer) aufgestellt würden. Denn seien wir ehrlich: Was Wissen und Kompetenz angeht, sind beide Geschlechter für die meisten Positionen gleich gut geeignet. Würden die Frauen es den Bonobos gleichtun, würde auch bei Konkurrenzspielchen jeglicher Art die Regel gelten: Frauen stehen für Frauen ein. Der Gleichberechtigung von Mann und Frau stünde im Arbeitsleben also nichts mehr im Wege (höchstens ab und zu ein Quotenmann). Mehr noch: Die Frauen könnten die Männer dominieren.

Ich habe die Macht!

Wer Erfahrung im Arbeitsleben hat oder sich in der Unternehmenswelt auskennt, weiß, dass der offizielle Chef nicht immer der Mächtigste ist. Allzu oft muss ein Boss zu seinem Leidwesen feststellen, dass er lange nicht so überlegen ist, wie er es gern hätte. Seine Macht wird untergraben, oder man nimmt ihn gar nicht erst ernst. Macht zu erlangen und zu bewahren, ist nicht einfach. Den Titel »Chef« hat man schnell – Autorität, Ansehen und damit Macht zu erwerben, gestaltet sich oft sehr viel schwieriger.

Schau mal, wie stark ich bin!

Auch bei Affen ist Macht nichts Selbstverständliches, sondern muss verdient werden. Erst wenn der Anführer von den anderen Gruppenmitgliedern anerkannt wird, kann er sich seiner Position sicher sein.

▶ Nur der wahre Chef hat die Macht!

Um die Macht zu betonen, setzen Affen (und auch Menschen) ein bestimmtes Verhalten ein: das Imponiergehabe. Jede Art spielt dabei ihre eigenen Spielchen. Zudem können innerhalb der Art lokale Unterschiede auftreten. Artgenossen wissen also das Verhalten des Anführers durchweg richtig einzuschätzen.

▶ Wer ein Alpha-Affe werden möchte, muss dafür kämpfen.

Haben Sie schon mal den Scheinangriff eines Gorilla-Anführers in Zoo miterlebt? Vermutlich waren Sie froh um den breiten Wassergraben zwischen Ihnen und dem Wichtigtuer.

34

Ein Streit zwischen zwei Berberaffen. Sobald einer von beiden wegläuft, wird die Machtverteilung offensichtlich. Der Jagende ist dann eindeutig der dominante Affe. Der Streit mag zwar auf Außenstehende brutal wirken, verletzt wird dabei trotzdem niemand. Meist geht es einfach nur darum, klare Verhältnisse zu schaffen, sodass die Macht wieder eindeutig verteilt wird. Die Berberaffen leben in einer relativ ausgeglichenen Hierarchie zusammen. Die gezeigte Situation kann sich also jederzeit »umdrehen«, sobald die Karten neu gemischt werden.

Gorilla-Alphatiere reagieren nämlich auf alles, was sie als Bedrohung der Gruppe oder der eigenen Position empfinden, mit einer eindrucksvollen Machtdemonstration. Sie brüllen, trommeln sich auf den muskulösen Brustkasten, reißen manchmal auch Sträucher aus oder schlagen auf den Boden. Zeigt sich der Gegner dadurch noch nicht hinreichend eingeschüchtert, stürmen sie mit gesträubtem Fell, stechendem Blick und offenem Mund auf ihn zu. Das beeindruckt nicht nur denjenigen, dem der Angriff gilt, sondern auch die Mitglieder der Affengruppe. Das Imponierverhalten ihres Anführers vermittelt ihnen ein Gefühl der Sicherheit und bestätigt die Sozialstruktur. Je angriffslustiger er sich gebärdet, desto friedlicher verläuft interessanterweise das Zusammenleben der Gruppe insgesamt.

Auch männliche Bartaffen und Mantelpaviane legen ein Imponiergehabe an den Tag, das uns staunen lässt, vor allem wenn sie sich bedroht fühlen: Sie zeigen ihre Zähne, und zwar mittels eines beiläufig anmutenden Gähnens. Wir denken bei dem Anblick an Müdigkeit oder Langeweile, in Wirklichkeit aber handelt es sich um eine Drohgebärde. Das Tier präsentiert seine Waffen: die spitzen Eckzähne, mit denen es einen Gegner ernsthaft verletzen kann.

Ein weiteres Beispiel sind die Bonobomännchen, die mit Zweigen oder Stroh in den Händen aufrecht durchs Gehege laufen, dabei laut kreischen und breit grinsen. Diese Show kommt bei Zoobesuchern gut an, weniger beeindruckt sind natürlich die Bonoboweibchen (siehe vorhergehendes Unterkapitel).

▶ Ob Ansprache, Pressekonferenz oder Geschäftsbericht: Auch im Büro wird um die Macht gekämpft.

Gibt es denn auch im Büro ein Imponiergehabe, mit dem Führungskräfte um die Macht kämpfen? Fest steht, dass bei menschlichen Chefs die Macht nicht unbedingt mit körperlicher Kraft einhergeht. Abgesehen natürlich von ein paar »Diktatoren«, die gern mal mit der Faust auf den Tisch hauen. Auch bei Meetings kann so ein Chef ein Hämmerchen benutzen, um »mit körperlicher Gewalt« Ruhe anzumahnen, die Aufmerksamkeit auf sich zu lenken oder zum nächsten Tagesordnungspunkt überzugehen.

Trotzdem manifestiert sich die Macht in unserem Arbeitsalltag eher in verbalem Imponiergehabe als in körperlichem Kräftemessen. Führungskräfte bekunden ihre Macht durch das, was sie sagen, und wie sie es sagen: in einer Ansprache, einer Präsentation oder auch im lockeren Gespräch. Andere geben gern Anekdoten oder Erfolgsgeschichten zum Besten, um ihre Verdienste ins rechte Licht zu rücken. Auch ich konnte schon mehrmals beobachten, dass es sich bei den Antrittsreden neuer Vorgesetzter um sehr deutliches Imponierverhalten handelt: Sie schmücken ihren Werdegang aus, rühmen ihre Erfolge, erwähnen ganz nebenbei ihre Bekannt-

Imponierende Waffen. Ein Bartaffe präsentiert beim vermeintlichen Gähnen seine gefährlichen Eckzähne.

schaft mit diversen Prominenten und präsentieren ihre ehrgeizigen Pläne so energisch, dass man als Zuhörer einfach beeindruckt sein muss. Klar, was später daraus wird, ist eine andere Sache. Der erste Eindruck jedenfalls steht fest.

Darüber hinaus trommeln sich viele Führungskräfte auch außerhalb des Unternehmens im übertragenen Sinn auf die Brust. Gerade im Umgang mit den Medien wird das deutlich: Ein Chef stellt der Öffentlichkeit, etwa im Rahmen einer Pressekonferenz, mit ausdrucksstarken Worten seine hochfliegenden Pläne vor. Notwendige Umstrukturierungen bezeichnet er gerne als »Operationen« und vermittelt so den Eindruck, es gelte eine Schlacht zu schlagen.

Auch mit einem Geschäftsbericht kann ein Chef Imponiergehabe zeigen. Oft geht es darin um weit mehr als nur um die nüchternen Fakten. Viele Führungskräfte wollen ein Statement abgeben und gestalten den Bericht als Hochglanzmaga-

Hier komme ich! Ein Bonobomännchen, das seine Kraft demonstriert, ist ein eher ungewöhnlicher Anblick, denn bei dieser Art haben die Weibchen das Sagen. Sie wissen auch ganz genau, dass das Imponiergehabe der Männchen nicht ihnen gilt, sondern den Zoobesuchern jenseits des Geheges.

zin oder gar als Buch. Fotografen werden engagiert, um den Boss möglichst vorteilhaft abzulichten, nicht selten in Posen, wie man sie auf offiziellen Porträts ehemaliger Könige oder Präsidenten sieht. Der Geschäftsbericht soll nämlich nicht nur nach außen hin Eindruck machen, sondern vor allem innerhalb des Unternehmens selbst.

Schau mal, wie gesund ich bin!

Affen setzen nicht nur Imponiergehabe, also ein bestimmtes Verhalten, ein, um ihre Macht zu demonstrieren und zu erhalten. Sie sind zudem auch mit bestimmten körperlichen Merkmalen, sogenannten Statussymbolen, ausgestattet, die ihnen Respekt verschaffen: So ist der würdige silbergraue Rücken eines Silberrückens ein Zeichen, dass er das Erwachsenenalter erreicht hat.

Hinzu kommen der ausgeprägte knöcherne Schädelkamm, an dem die Muskeln ansetzen, das lange Fell an den Armen und der gewaltige Körperumfang mit entsprechendem Gewicht. Diese Symbole betonen Körperkraft und Potenz des Gorillas und unterstreichen seine Macht, gerade wenn er dabei ist, einen eigenen Harem zu gründen.

Auch andere Affen können mit ihrem Körper Macht ausdrücken: Ein Schimpansenmännchen beispielsweise, der eine Gruppe anführt, sträubt das Fell und wirkt dadurch größer.

▶ Ein großer Chef mit »breiter Brust« und Nadelstreifenanzug wirkt oft eindrucksvoller, als man denkt.

Unbestreitbar spielt auch die körperliche Ausstrahlung des menschlichen Chefs eine große Rolle. Das Charisma einer Führungskraft geht häufig mit imponierender Körpergröße oder symmetrischen Gesichtszügen einher. Oft genug wirkt der Chef auch wie ein Schimpansenmännchen, das sein Fell sträubt. Gerade um den Körper imposanter wirken zu lassen, gibt es beispielsweise besondere Bürostühle, sogenannte »Chefsessel«, die sogar im Katalog als solche angepriesen werden. Natürlich darf auch das Auto, der berühmte Dienstwagen, nicht unerwähnt bleiben. In aller Regel steht die Größe des Dienstwagens in unmittelbarem Zusammenhang

Graue Haare. Wenn männliche Gorillas erwachsen werden, färben sich die Haare an ihrer Rückenpartie silbergrau. Inwieweit sie dann tatsächlich Macht haben und ausüben können, hängt aber auch vom Charakter und von den strategischen Fertigkeiten ab.

mit der Position eines Mitarbeiters im Unternehmen. Der Firmenchef wird tunlichst kein kleineres (oder billigeres) Auto fahren als die ihm unterstellten Abteilungsleiter.

▶ Der Mantel des Pavians – der silbergraue Rücken des Gorillas – der Sessel des Chefs. Statussymbole verschaffen Respekt.

Viele als eindrucksvoll empfundene körperliche »Statussymbole« treten tatsächlich auch erst zutage, wenn der Chef einen hohen Status erreicht hat, zum Beispiel die aufrechte Körperhaltung. Der Boss streckt die Brust vor. Er geht nicht, sondern er schreitet und steht überall wie selbstverständlich im Mittelpunkt. Vieles davon geschieht vermutlich unbewusst. Ist eine höhere Position erst einmal erreicht, fällt nämlich die Angst weg. Man hat die Macht erobert und damit den Mut, sich seiner Stellung entsprechend zu geben.

Auch durch die Kleidung versucht der Mensch, es den Affen gleichzutun und körperliche Statussymbole möglichst hervorzuheben. Längsstreifen beispielsweise strecken die Figur, Querstreifen machen dick – daher sieht man sie nur selten. Ferner kommt der richtige Einsatz von Farben der Ausstrahlung zugute und verleiht den Betreffenden Charisma: So betonen Frauen ihre Augen mit Make-up und die Wangen mit einem Hauch Rouge.

Schau mal: Ich bin noch zu haben!

Wie kommt es eigentlich, dass wir Menschen uns überhaupt von Imponiergehabe und körperlichen Statussymbolen beeindrucken lassen? Eigentlich geht es uns vernunftgesteuerten Wesen doch um den »Inhalt«: um Wissen und Kompetenz, oder nicht? Warum soll ein starker Chef in unseren Augen nicht nur ein guter Anführer sein, sondern auch gut aussehen?

▶ In einem gesunden Körper steckt nicht nur ein gesunder Geist, sondern auch die Aussicht auf Sicherheit und viele Nachkommen.

Antwort geben wieder die Affen: Bei ihnen ist die körperliche Ausstrahlung im wahrsten Sinn des Wortes überlebenswichtig: Ein starkes, gesundes Alphamännchen bietet der Gruppe nicht nur Schutz gegen Bedrohungen von außen, sondern es trägt auch zur Erhaltung der Art bei, indem es gesunde Nachkommen zeugt. Wenn äußere Anzeichen, zum Beispiel ein glanzloses Fell, auf Krankheit hindeuten, muss das betreffende Tier in der Regel rasch das Feld räumen und seinen Platz einem Konkurrenten überlassen. Affenweibchen wenden sich nun mal lieber einem Männchen zu, das den Eindruck erweckt, er könne sie und die gemeinsamen Nachkommen beschützen.

Auch wir Menschen halten – wie eh und je – nach Partnern mit gesunder Ausstrahlung Ausschau. Daher verwundert es kaum, dass wir uns, trotz unseres evolutionären Entwicklungsstandes, auch bei der Vorliebe für einen bestimmten Typ Chef von diesem Instinkt leiten lassen. Menschen mit Eigenschaften, die wir als »ungesund« interpretieren, haben es deshalb schwerer, Karriere zu machen und Spitzenpositionen zu erreichen. Man denke nur an die leider immer noch verschwindend geringe Anzahl von Führungskräften mit körperlicher Behinderung.

Stets zu Diensten, Euer Gnaden.

Bei den Menschen ist der Chef, wie bei den Affen, erst dann der wahre Boss, wenn er von den Mitarbeitern als solcher anerkannt wird. Kann sich der Chef seiner Macht sicher sein, zeigen nicht wenige seiner Angestellten ein affenähnliches unterwürfiges Verhalten. Warum ist das so?

Lassen Sie uns gemeinsam die Schimpansen beobachten: Mit einem nervösen Grinsen geben diese Tiere zu erkennen, dass sie die Macht des Anführers akzeptieren. Auf keinen Fall würden sie es auf eine körperliche Auseinandersetzung mit ihm ankommen lassen. Auch Lippenschmatzen und eine An-

Folge dem Chef. Gehorsam ist wahrscheinlich die stärkste Form der Unterwerfung bei Gorillas und Menschen. Auch wenn wir nicht die Meinung unseres Anführers teilen, widersprechen wir ihm nur ungern.

näherung mit demütig gesenktem Kopf signalisieren, dass der Chef als solcher anerkannt wird.

Übrigens unterwerfen sich Bonobomännchen den Weibchen mittels einer »schnellen Nummer«. Noch ein Beispiel für Unterwürfigkeitsverhalten: Bei vielen Affenarten suchen die rangniederen Tiere den Anführer auf, um ihn zu lausen. Das beruhigt ihn, und eventuell gewährt er ihnen als Gegenleistung eine Gunst.

Der Anführer einer Affengruppe braucht das unterwürfige Verhalten als Bestätigung. Nur wenn sich die anderen Gruppenmitglieder ihm gegenüber unterwürfig verhalten, kann er sich seiner Stellung vollkommen sicher sein. Einen Kampf mit einem Konkurrenten um die Führungsposition kann er erst dann als gewonnen ansehen, wenn dieser mit nervösem Grinsen kapituliert und sich in unterwürfiger Haltung nähert oder lieber gleich das Feld räumt.

▶ Der wahre Chef wird auch immer so behandelt.

Diese Beobachtung lässt sich gut auf unseren Arbeitsalltag übertragen: Auch hier versuchen wir, einander in unserer Funktion zu respektieren, und wir zollen dem Chef Anerkennung, indem wir seine »Befehle« ausführen. Die sehr körperliche Art und Weise, mit der die Affen Unterwürfigkeit demonstrieren, ist uns zunächst eher fremd. Schließlich nähern wir uns dem Boss nicht »lippenschmatzend« oder legen uns vor ihm auf den Rücken. Aber denken Sie doch nur an Begriffe wie »Speichellecken« oder »Arschkriechen«. Schon ist der Unterschied zu den Affen gar nicht mehr so groß! Viele Arbeitnehmer scheuen sich nämlich nicht vor Verhaltensweisen, die weit über Respektbezeigungen hinausgehen. Mit schmeichlerischen Bemerkungen versuchen sie, sich den Chef gewogen zu machen. Oder sie wirken, als steckten sie tief in Arbeit, wenn er ins Zimmer kommt, bei Besprechungen reden sie ihm nach dem Mund, und in der Abteilung verkünden sie sein Wort.

▶ Ab und zu kann es auch hilfreich sein,
sich vor dem Chef zu »verneigen«.

Bei Affen amüsiert uns das unterwürfige Verhalten, bei unseren Kollegen dagegen stößt es uns ab? Nun, auf Dauer kommt man wohl kaum darum herum, und es ist auch nicht grundsätzlich zu verdammen. Letztlich kommt keiner gern dem Chef in die Quere, und jeder hofft auf eine positive Beurteilung am Jahresende. Ein wenig »Lippenschmatzen« von

Zeit zu Zeit ist auch durchaus legitim. Denken Sie daran: Die Affen und wir sind gar nicht so unterschiedlich!

Ich möchte euer Anführer sein!

Ein Unternehmen entscheidet auf andere Weise als eine Affengruppe, wer sein Chef wird: In der Regel wird er dazu ernannt, oder er erbt den Chefsessel (vor allem in Familienbetrieben). Inzwischen wissen Sie ja schon, dass der ernannte bzw. »vererbte« Chef noch weiter kämpfen muss, um sich die wahre Macht, also die Anerkennung der Kollegen, zu sichern und so ein echtes »Alphatier« zu werden. Um das zu erreichen, wendet er bestimmte Taktiken und Verhaltensweisen an, die durchaus Parallelen zur Affenwelt aufweisen.

▶ Indem ein Chef den Teamgeist fördert, vermehrt er seine Anerkennung.

Wir gehören zusammen!

Wie kann man als neuer »Anführer« zeigen, dass man auch wirklich das Zeug dazu hat? Ganz einfach: Feste feiern, Veranstaltungen organisieren und andere Initiativen ins Leben rufen, die das Wir-Gefühl stärken und so die Anerkennung vergrößern. Gestaltung und Häufigkeit dieser Aktivitäten hängen nämlich vom jeweiligen Chef ab. Meist tut er sich dabei in Form einer Präsentation, einer Ansprache oder eines Empfangs besonders hervor. Man könnte hier von einer »Wir-Taktik« sprechen, weil die Führungskraft ihre Position festigt, indem sie ein Wir-Gefühl schafft und zugleich ihre Macht demonstriert, was vielen ein Gefühl der Sicherheit vermittelt.

Ein Chef, der diese Taktik anwendet, arbeitet häufig auch mit »offener« Tür: Er ist für seine Angestellten leicht erreichbar und kennt, auch in einem großen Unternehmen, jeden von ihnen namentlich.

Auch Schimpansen-Chefs stärken das Wir-Gefühl: Um ihre Position zu stabilisieren, suchen sie nicht nur Unterstützung bei anderen hochrangigen Gruppenmitgliedern, sie pflegen auch den Kontakt zu rangniederen Tieren. Es gibt zum Beispiel männliche Schimpansen, die ihre Machtposition der Unterstützung verdanken, die sie bei Konflikten vonseiten der Weibchen und Jungtiere (das heißt im Allgemeinen rangniederer Individuen) erhalten.

Amigos

Eine andere, weniger auf die breite Masse abzielende Technik, mit der Führungskräfte ihre Position in der Unternehmenshierarchie festigen, möchte ich »Cliquenbildung« nennen. Dabei erwirbt sich der Chef selektiv die Unterstützung jener Personen, die für seine Macht von entscheidender Bedeutung sind. Bei diesem Spiel genießen oft beide Parteien deutliche Vorteile: auf der einen Seite der Chef, weil er Unterstützung erhält. Dadurch kann er die Position, die er zunächst nur auf dem Papier einnimmt, auch in der Realität etablieren. Auf der anderen Seite die unterstützende Person, weil sie die Möglichkeit hat, ihre eigene Position zu verbessern.

▶ Ein Chef, der seine »Freunde« um sich schart,
  kann seine Position besser ausfüllen.

Die Belegschaft selbst bekommt einen solchen Chef leider kaum zu Gesicht. Trotzdem beginnt, sobald ein neuer Boss diese Taktik fährt, auf allen Ebenen ein geheimnisvolles Spiel:

Angestellte nutzen die sich plötzlich auftuenden Möglichkeiten, Positionen werden geschaffen und mit neuen Leuten besetzt. Informationen werden auf allen Ebenen nicht mehr über offizielle Zusammenkünfte verbreitet, sondern nur an einzelne Auserwählte weitergegeben. Statt großer Betriebsfeste finden Dinners im kleinen Kreis statt.

Die Technik der Cliquenbildung finden wir auch bei unseren tierischen Verwandten. Im Zoo von Arnheim hat man beispielsweise Folgendes beobachtet: Ein einzelnes Schimpansenmännchen bekam selektiv von ein oder zwei anderen Männchen Unterstützung im Tausch gegen Vergünstigungen und konnte sich dadurch lange an der Macht halten. Es verfolgte eine geschickte Strategie des Teilens und Herrschens, um zu verhindern, dass die anderen erwachsenen Männchen sich zusammentaten. Denn das hätte zu einer Machtübernahme führen können. Der Schimpanse missbrauchte also

Zuneigung und Ergebenheit. Mit gebleckten Zähnen, Zähneklappern und halb geschlossenen Augen sagen sich diese Berberaffen: »Hab keine Angst.«

seine Macht, um zwei andere gegeneinander auszuspielen, etwa indem er bei Konflikten bald dem einen, bald dem anderen beisprang. Manchmal gewährte er auch Vergünstigungen, wie die Paarung mit bestimmten Weibchen.

Übrigens sind sogenannte Vergünstigungen auch im Unternehmen eine hervorragende Möglichkeit, sich Unterstützung zu verschaffen. Wir finden sie in Form von Beförderung, Gehaltserhöhung und Firmenwagen.

Schaut nur: Alle sehen auf uns!

Mit den beschriebenen Techniken wendet sich ein neuer Chef seiner eigenen Gruppe, also seinen Angestellten und Kollegen, zu. Es gibt aber noch eine Möglichkeit, mit der man die »wahre« Macht erobern kann: der Kontakt zur Außenwelt. Denn für jeden Anführer ist es wichtig, wie man außerhalb des »Affenkäfigs« über ihn denkt.

Im Zoo lässt sich wunderbar das Imponiergehabe dominanter männlicher Affen gegenüber den Besuchern beobachten, ein höchst amüsantes Schauspiel, solange man durch dickes Glas oder einen breiten Wassergraben voneinander getrennt ist. Die Botschaft gilt dabei nicht nur den Zuschauern, sondern auch den anderen Mitgliedern der Affengruppe: »Schaut her, ich verteidige euch, und ich bin so stark, dass ich auch denen da draußen imponiere.«

▶ Ein Chef, der von sich reden macht, bleibt in aller Munde.

In der menschlichen Welt funktioniert das genauso: Jedes Unternehmen verschickt Botschaften an die Kollegen »auf der anderen Seite der Scheibe«. Ein Beispiel, mit dem ich dies gerne verdeutliche, lieferte vor einiger Zeit der Hochschullehrer E. G. J. Vosselman. Er schreibt, dass oft scheinbar objektive Zahlen im Interesse der Unternehmensführung verwendet werden. Sie werden dabei so präsentiert, dass sie den jeweiligen Führungskräften zum Vorteil gereichen. Diese zeigen auf diese Weise, wie gut sie ihre Sache machen oder wie wichtig eine Umstrukturierung oder eine neue Strategie ist. Zahlen sind nach außen hin von Bedeutung, vermitteln aber auch nach innen eine Botschaft: Im Geschäftsbericht verkünden sie der Außenwelt, wie kompetent und mächtig der neue Mann ist, im Unternehmen selbst soll die Belegschaft erkennen:»Was haben wir doch für einen fähigen Boss!«

Wieso funktioniert das nur?

Warum wird ein Chef, der seine Position auf die beschriebenen Arten erlangt und verteidigt, seitens der Belegschaft und der Außenwelt anerkannt? Würde man den Boss, der Zahlen manipuliert, nicht lieber mit einem Schild mit der Aufschrift »Idiot« um den Hals auf die Straße setzen?

▶ Imponiergehabe und Statussymbole von Machtanwärtern funktionieren nur, wenn sie von Untergebenen anerkannt werden. Das gilt auch umgekehrt: Untergebene brauchen Imponiergehabe und Statussymbole von Machtanwärtern, um Anerkennung zu zeigen.

Die Antwort bekommen wir, wie könnte es anders sein, von den Affen: Durch Beobachtung der Tiere findet man im Verhalten des Alphatiers alles wieder, was man bei einem menschlichen Chef als »negative Eigenschaft« bezeichnen würde. Trotzdem reagieren die untergeordneten Tiere auf diese Weise: Sie erkennen die Macht des Anführers an und verhalten sich unterwürfig. Das lässt nur einen Schluss zu: Das Imponiergehabe eines Affen entfaltet seine Wirkung erst durch die Reaktion der anderen Gruppenmitglieder und führt nur so zu seiner Anerkennung als Anführer. Verhalten von Alphatier und Untergebenen stehen als Aktion und Reaktion zueinander in Beziehung. Es ist von der Natur so angelegt und funktioniert nach einem direkten Schlüssel-Schloss-Prinzip.

In einem Unternehmen ist es nicht anders: Ein großes Büro mit einem repräsentativen Schreibtisch und ein Vorzimmer mit zwei Assistentinnen wirken nur deshalb, weil wir uns davon beeindrucken lassen und den Besitzer dieser Attribute als Führungspersönlichkeit sehen. Die meisten Angestellten träumen davon, ein Chef zu sein, weil sie diese Position mit einem großen Auto, hohem Gehalt, Prestige und einem schönen Blick aus den Bürofenstern assoziieren. Uns mag es durchaus bewusst sein, dass bestimmte Zahlen, die wir vorgesetzt bekommen, verzerrt sind. Und doch strengen wir uns mehr an, wenn wir hören, dass die Lage nicht gerade rosig sei.

Und wer würde sich schließlich nicht gern gut mit dem Chef stellen? Nach dem Motto: »Wenn ich ihn unterstütze, zahlt sich das bestimmt aus, zumindest gewinne ich dadurch mehr Ansehen.«

▶ Ein tolles Alphatier kann gerne unser Chef sein!

Wir können nicht anders, die Natur gibt es vor: Einen Chef, der sich wie ein Alphatier verhält, machen wir zu unserem Anführer.

Willst du mein Freund sein?

Wer nicht zur Unternehmensspitze gehört, kommt nicht in einem Wagen mit Chauffeur zur Arbeit, sondern muss sich, um weiter aufzusteigen, die Unterstützung anderer sichern. Denn jeder Mitarbeiter einer Firma ist Teil eines sozialen Gefüges. Meist hat er gleichrangige Kollegen, aber auch Vorgesetzte oder »niederrangige« Mitarbeiter. Um eine bestimmte Position im Unternehmen zu erlangen, zu wahren oder zu verbessern, legt jeder Angestellte ein ganz bestimmtes Verhalten gegenüber den verschiedenen Kollegen an den Tag. Dabei kommen mir Wendungen wie »nach oben buckeln« oder »sich bei jemandem lieb Kind machen« in den Sinn. Man kann das mit den Affen vergleichen, deren Verhalten zum großen Teil vom ewigen Kampf um die Rangordnung bestimmt wird.

▶ Das Verhalten gegenüber unseren Kollegen wird
  vom Kampf um die Macht geprägt.

Im Allgemeinen hüten wir uns zwar vor auffälligem Imponiergehabe, wenn es nicht unserem Status entspricht. Wir rennen nicht den Flur entlang und fuchteln wild mit den Armen, und wir machen auch nicht in der Kantine vor aller Augen eine attraktive Frau an. Trotzdem: Wenn wir etwas erreichen wollen, haben wir bestimmte Taktiken, um das soziale Miteinander zu beeinflussen. Wir gehen dabei natürlich subtiler vor als unsere tierischen Verwandten und so, wie es unserer Funktion angemessen ist. Die Verhaltensweisen, deren wir uns auf dem Weg nach oben bedienen, lassen sich grob in die im Folgenden beschriebenen fünf Kategorien einteilen.

Ich schaffe das allein!

Es gibt tatsächlich auch Menschen, die eine hohe Position im Machtgefüge eines Unternehmens erlangen und sie auch beibehalten, ohne ihr Sozialverhalten spezifisch darauf auszurichten. Ich kenne Leute, die allein durch Wissen und Erfahrung einen hohen (biologischen) Rang in ihrer Organisation erworben haben. Sie erbringen (oft ganz unauffällig) herausragende Leistungen oder verfügen über eine ausgeprägte Sozialkompetenz.

In jedem Unternehmen kennt man – ob in hohen oder niederen Positionen – einige wenige Mitarbeiter, auf die alle hören. Sie haben am Arbeitsplatz meist keine wirklichen Freunde oder Feinde und setzen ihre Sozialkompetenz häufig dazu ein, bei Konflikten zu vermitteln.

▶ Manche von uns sind Einzelkämpfer. Sie brauchen keine Kollegen, um aufzusteigen.

Auch unter Affen gibt es solche Typen. Meist handelt es sich um hochrangige weibliche Tiere, die ihre Position der Art und Weise verdanken, wie sie Konflikte in der Gruppe schlichten. Dadurch erfüllen sie eine wichtige Funktion, denn sie sichern deren Stabilität.

Leider steigen nur wenige dieser Einzelkämpfer aus eigener Kraft noch weiter auf. Bedauernswerterweise schaffen es die meisten von ihnen nie bis ganz an die Spitze.

Schüttele ich die Großen …

In diese Kategorie gehören alle, die wir oft brutal als »Speichellecker« oder »Arschkriecher« bezeichnen. Eigentlich verabscheuen wir ihr Verhalten. Aber seien wir ehrlich: Machen wir es nicht ab und an insgeheim genauso?

Muss das wirklich sein? Viele Zoobesucher machen sich Sorgen, wenn sie Affen mit stark geschwollenen Hinterleibern im Gehege sehen. Für die Affen selbst ist das nichts anderes als ein besonders attraktives Kommunikationssignal. Die angeschwollenen Schamlippen des abgebildeten Weibchens sagen: »Seht her, ich bin fruchtbar. Welches nette Männchen ist interessiert?« Trotzdem »tricksen« die Bonoboweibchen auch ein bisschen. Während bei den anderen Primaten die Schamlippen nur während der fruchtbaren Tage rötlich werden und anschwellen, haben die Bonoboweibchen immer auffällige Geschlechtsorgane. Das täuscht die Männchen und andere Weibchen. Sex bekommt so eine ganz andere Bedeutung…

Manche von uns wenden sich höherrangigen Kollegen zu, um aufzusteigen.

Bei den Affen liegen die Dinge etwas einfacher: Da ist es erlaubt, den Boss zu lausen und sich auf diese Weise ins rechte Licht zu rücken. Das Lausen ist nämlich das ultimative Mittel, Freundschaft zu schließen oder sich Unterstützung zu sichern.

Noch ein Beispiel, wie Affen mit höherrangigen »Kollegen« einen Bund schmieden: Empfängnisbereite weibliche Tiere präsentieren ihr Hinterteil dem höchstrangigen Männchen nicht nur zu Paarungszwecken, sondern auch, um sich Unterstützung und Vorteile zu verschaffen.

Stellen Sie sich nur mal vor, eine Kollegin entblößt im Tausch gegen den nächsten Karriereschritt vor dem Chef ihren Busen. Das wäre sicher eine seltsame, für manche männlichen Kollegen sogar eine nicht ganz unangenehme Überraschung, oder? Ob Sie es glauben oder nicht: Ein ähnliches Verhalten kommt vor. Und nicht nur Frauen, sogar viele Männer lassen ihren Charme spielen, um sich beim Chef einzuschmeicheln: ein nettes Wort, wenn man ihm auf dem Flur begegnet, oder eine geistreiche Bemerkung. Wollen wir mit einem solchem Verhalten nicht alle ab und an bei höherrangigen Personen Eindruck schinden? Für den, der im Chefsessel sitzt, legen wir gegen ein wenig Unterstützung gern mal einen Gang zu.

Oft versuchen wir außerdem, im Kielwasser eines Kollegen zu segeln, der bei den anderen beliebt ist und daher automatisch einen höheren sozialen Rang innehat. Auf der Grundschule waren wir Meister darin: Wer wollte nicht der beste Freund des stärksten Jungen oder des hübschesten Mädchens sein? Man konnte sein Prestige in der Gruppe enorm steigern, wenn man mit einer beliebten Person befreundet war. Den Boss zu lausen, um die eigene Position zu sichern, ist also gar nicht so abwegig, wie man denkt.

…schüttelst du die Kleinen

Einige Arbeitnehmer wollen ihre soziale Position stärken, indem sie sich die Unterstützung von Personen verschaffen, die in der Hierarchie weiter unten stehen. Ich spreche jetzt nicht von den ranghöchsten Führungskräften, den Alphatieren, sondern eher von den Angestellten in den mittleren Rängen und von niedrigen Führungskräften, die sich alle für die jeweils hierarchisch tiefer stehende Gruppe einsetzen, um die eigene Position zu stärken.

▶ Manche von uns wenden sich niederrangigen Kollegen zu, um aufzusteigen.

Man könnte auch von einem »Robin-Hood-Prinzip« sprechen. Steigt der Leistungsdruck, machen sich die modernen »Rächer der Armen« für die Überlasteten stark. Drohen Entlassungen, suchen sie nach Alternativen und verteidigen »ihre Leute« mit Zähnen und Klauen. Stehen Gehaltserhöhungen an, schlagen sie Kollegen oder Mitarbeiter vor, die sich besonders verdient gemacht haben. Von solchen Aktionen profitiert dem Anschein nach nicht der Urheber, sondern die Gruppe oder die Person, der sie zugute kommen.

Doch auch unser Robin Hood selbst trägt einen Nutzen davon: Er weiß sich von denjenigen unterstützt, für die er sich einsetzt. Sein Verhalten erhöht zudem sein Prestige im Allgemeinen. Am Ende kann er sogar zur Legende werden (sein Name wird bekannt, und das macht es ihm leichter, sich zu profilieren).

Die »Robin-Hood-Methode« wird manchmal von Betriebsräten oder Gewerkschaften missbraucht. Dann fahren sie in Verhandlungen unverhältnismäßig schweres Geschütz auf und sind schnell mit Streiks bei der Hand. Sie möchten ein Ziel erreichen, gerade wenn das Medieninteresse groß ist. Leider kann man nicht immer ganz eindeutig sagen, wem diese Streiks letztlich dienen.

Eine Hand wäscht die andere
Manche von uns wenden sich gleichrangigen Kollegen zu, um aufzusteigen.

Spätestens wenn wir auf Gegenleistung zählen können, ist jeder von uns geneigt, einem hierarchisch gleichrangigen Kollegen einen Gefallen zu tun. Einfachstes Beispiel: das Kaffeeholen. Gerne holen wir einem Kollegen Kaffee, wenn wir wissen, dass er das auch selbst regelmäßig tut. Wenn nicht, kann damit auch ganz schnell wieder Schluss sein. Auch in einem der Unternehmen, in denen ich gearbeitet habe, konnte ich den Zusammenschluss gleichrangiger Kollegen beobachten: Die Kollegen machten heimlich Rauchpausen. Sie störten oder verzögerten bewusst den Produktionsprozess, und sie verschwiegen oder vertuschten Fehler. All diese Verhaltensweisen trugen dazu bei, sich gegenseitig zu unterstützen und eine gegen die Führungsetage gerichtete Solidarität aufzubauen: Kehrte man zum Beispiel Fehler von Kollegen unter den Tisch, konnte man auf deren Unterstützung zählen und auf diese Weise auch die eigenen Fehler vertuschen. Neue Kollegen wurden – fast wie bei den Freimaurern oder einer Studentenverbindung – sofort in die geheimen Regeln der Gruppe eingeweiht. Unter Umständen hinderte man sie sogar daran, die Leistungsnorm der Belegschaft zu überschreiten. Taten sie es dennoch, führte das zwangsläufig zum Konflikt, unter Umständen auch zum Ausschluss aus der Gruppe. Solch mächtige Allianzen machten es dem Chef fast unmöglich, seine Führungsfunktion wahrzunehmen. Bei wem liegt nun die eigentliche Macht?

▶ Auch bei den Affen stützen »Freundschaften« die eigene Position.

In der Welt der Affen läuft es fortwährend so: Dort ist es überlebenswichtig, ständig Freundschaften zu schließen und sich dadurch die nötige Unterstützung zu sichern. Der nieder-

Völlig verlaust? Ein lausender Berberaffe sucht, anders als man vermuten würde, nicht nach Ungeziefer im Fell seines Artgenossen, sondern praktiziert soziales Verhalten. Das Zupfen am Fell verschafft dem gelausten Tier Wohlbehagen und ist seitens des Lausenden eine freundschaftliche Geste, die er natürlich irgendwann mit einer Gegenleistung belohnt sehen möchte.

ländische Verhaltensforscher Otto Adang beschreibt, wie zwei subdominante männliche Tiere einander unterstützen, um auf diese Weise die Herrschaft des Anführers zu untergraben. Die Allianz diente letztendlich dazu, die hierarchische Leiter höher hinaufzuklettern.

Ein klassisches Beispiel für den Zusammenschluss zwischen gleichrangigen Affen ist auch das bereits erwähnte Lausen: Affen lausen nicht nur das Alphatier, sie lausen auch die gleichrangigen »Kollegen« – man weiß ja nie, wozu das einmal gut sein kann.

Auch wir Menschen kennen diese Form der gegenseitigen »Fellpflege«: der Klatsch und Tratsch. Die Kollegen wählen sich dabei die Person, mit der sie klatschen, gezielt aus. Dieser Gesprächspartner kann später auch wieder wechseln. Zunächst aber wird mit ihm gemeinsam eine Person oder eine Sache in ein schlechtes Licht gerückt, was zumindest einem der Schandmäuler einen Vorteil verschafft. Durch den Tratsch geben sich alle Beteiligten eine Blöße und machen sich angreifbar, denn sie lassen dem anderen Informationen zukommen, die er auch missbrauchen könnte. Zugleich streben sie aber eine Vertrauensbeziehung an und gehen eine Art Bündnis ein, nach dem Motto: »Ich erzähle dir etwas und mache mich angreifbar. Dafür erwarte ich von dir, dass du mir zustimmst und mir hilfst.« Einfacher ausgedrückt: »Ich lause dich. Lause du mich!«

Manch einer mag den Vergleich mit dem Lausen für absurd halten und sagen: »Gelaust wird in aller Öffentlichkeit. Geklatscht wird aber meist im Verborgenen.« Ist das wirklich so? Sehen wir nicht oft, wie zwei Leute ganz offen die Köpfe zusammenstecken? Bekommen wir nicht immer wieder mit, wie andere flüstern und plötzlich verstummen, wenn wir an ihnen vorbeigehen? Kennen Sie nicht auch Kollegen, die sich immer mit ganz bestimmten Leuten zum Essen in der Kantine verabreden?

▶ Jeder »laust« ab und zu, ob er will oder nicht.

Übrigens kann sich niemand diesem Verhalten ganz entziehen. Jeder beteiligt sich an Klatsch und Tratsch, ob aktiv oder als passiver Zuhörer. Auch die integersten Kollegen lassen sich gelegentlich zu Äußerungen über Dritte hinreißen.

Nur ganz selten gibt es einen Kollegen, der sagt: »Lass mich in Ruhe mit dem Getratsche!« Nun, das ist dann nichts weiter als das Signal eines Affen, der von seinem Gegenüber nicht gelaust werden will. Und was, wenn der andere weiter »laust«? Affen sind da ganz direkt: Wird der andere aufdringlich, fängt er sich schnell einen Hieb ein, und es kommt zum offenen Konflikt. Auch bei Menschen kann das Bemühen um Unterstützung im Konflikt enden. Man tut etwas für andere und erwartet eine Gegenleistung. Probleme entstehen häufig dann, wenn die Gegenleistung ausbleibt. Denken Sie nur daran, wie oft Personen, die täglich zusammen in der Kantine saßen, sich plötzlich spinnefeind sind. Diese Affen!

Ich war's nicht, er war's!

▶ Ein Sündenbock lenkt von den Fehlern anderer ab.
So erhalten Sie Ihre Position aufrecht.

Welche Möglichkeit gibt es noch, das soziale Gefüge in einem Unternehmen zu beeinflussen und sich dadurch einen Vorteil zu verschaffen? An dieser Stelle möchte ich den Sündenbock ins Spiel bringen. Enttäuschende Ergebnisse, nicht ausgeführte Aufträge, fehlerhafte Produkte oder nicht eingehaltene Termine: Wenn in einem Unternehmen etwas schiefläuft, wird nach dem gesucht, der es »verbockt« hat. Ihm schiebt man das Problem zu. Wir wälzen es ab und waschen unsere Hände in Unschuld. Obskure Notizen tauchen plötzlich auf, andere verschwinden. Das geht so lange weiter, bis der Sündenbock endlich gefunden ist. So sichern wir unsere Position auf Kosten anderer.

▶ Die Affen brauchen keinen Sündenbock.
Sie kämpfen lieber.

Machen das die Affen auch? Tatsächlich findet man kein vergleichbares Verhalten. Denn die Affen haben es da einfacher:

Bei ihnen ist das Kräftemessen eine körperliche Angelegenheit. Mit Imponiergehabe, ein paar Hieben oder dem Wegschnappen von Nahrung wird klargestellt, wer der Bessere oder Stärkere ist. Der entsprechende Lärm tut es auch gleich den anderen kund.

Wir dagegen reißen unseren Kollegen nicht den Kaffee aus der Hand oder ziehen ihn an den Haaren, sondern regeln die Dinge nach Möglichkeit unauffälliger: Statt jemanden zu vermöbeln, beleuchten wir seine Schwachpunkte oder versuchen einen Konkurrenten auszuschalten, indem wir ihn zum Sündenbock für einen Misserfolg machen.

Ist das jetzt gut oder böse?

Jeder von uns setzt die eine oder andere Verhaltensweise ein, um auf der Hierarchieleiter nach oben zu klettern. Darum ist es gar nicht so einfach, diese Methoden zu be- oder gar zu verurteilen. Denn wir alle spielen das Spiel mit, auch ich selbst: Wenn ich dem Chef begegne, lächle ich ihn freundlich an. Gegenüber meinen Kollegen drücke ich schon mal ein Auge zu, wenn sie sich danebenbenehmen oder Fehler machen. Ich setze mich für Schwächere ein, wenn es für mich von Nutzen ist. Manchmal manipuliere ich, um etwas zu erreichen, und hin und wieder versuche ich, anderen meine Fehler in die Schuhe zu schieben.

Solange wir selbst solches Verhalten an den Tag legen, ist ein objektives Urteil schwierig. Eine Ausnahme gibt es allerdings: Handelt man ausschließlich auf Kosten anderer, so ist das im moralischen Sinne als schlechtes Verhalten anzusehen, auch wenn es ganz natürlich ist.

3 Unter Kollegen

Wie lange sitzen Sie täglich im Büro? Sicherlich mindestens acht Stunden. Sie verbringen also einen nicht ganz unerheblichen Teil der Zeit, in der Sie wach und aktiv sind, nicht mit Familie oder Freunden, sondern mit Ihren Arbeitskollegen. Diese suchen wir uns meist nicht selbst aus, und doch verwenden wir einen nicht unwesentlichen Teil der Arbeitszeit darauf, Beziehungen zu ihnen aufzubauen und zu festigen.

▶ Die Kollegen sind unsere Familie im Büro.

Das kommt daher, dass wir »soziale Wesen« sind. Unser soziales Urverhalten bewirkt, dass wir im Unternehmen nur dann gemeinsam funktionieren, wenn wir (stabile) Verbindungen zu unseren Kollegen aufgebaut haben. Wie die Affen leben wir im Büro in einer sozialen Gruppe.

Unsere tierischen Verwandten allerdings bringen ihre Zeit größtenteils in ein und derselben sozialen Gemeinschaft zu, während unsere soziale Umgebung häufig wechselt. Das erfordert eine hohe Anpassungsfähigkeit und ein breites Spektrum sozialer Fertigkeiten. Gerade deshalb müssen wir die Beziehungen zu den Kollegen ständig pflegen und gießen wie ein empfindliches Pflänzchen. Dafür stehen uns verschiedene Methoden zur Verfügung, die wir uns mal wieder, im übertragenen Sinn, bei den Affen abgeschaut haben.

Einmal Lausen, bitte!

Sie haben im letzten Kapitel davon gelesen, und jeder, der schon einmal einen Affen im Zoo beobachtet hat, kennt das: Affen lausen einander. Der Begriff »lausen« stammt aus einer Zeit, als die Zoos noch weniger auf das Wohlergehen und die Pflege ihrer Tiere achteten. Damals hatten die Affen tatsächlich oft Läuse oder Flöhe. Heute findet der tierische »Friseur« kaum mehr Läuse, denn ein gesunder Affe trägt nur wenig oder gar kein Ungeziefer im Fell. Stattdessen wird das Fell mit geschickten Fingern Stück für Stück beiseite gestrichen und dann minutiös nach abgestorbenen Hautresten und Schmutzteilchen abgesucht. Das gelauste Tier scheint die Prozedur zu genießen, denn meist sitzt es in entspannter Haltung da, schließt die Augen und döst vor sich hin. Durch das Zupfen an der Haut werden nämlich opiumähnliche Substanzen im Körper freigesetzt und ins Blut abgegeben. Diese rufen beim gelausten Tier angenehme Gefühle großer Entspannung hervor.

▶ Die Affen lieben das Lausen, denn es entspannt so schön.

Was wir als Zoobesucher nicht sofort sehen, ist, dass das Lausen nicht nur der Entspannung dient, sondern auch eine bedeutende soziale Funktion erfüllt: Wie bereits erwähnt, hilft es den Affen dabei, Freundschaften zu festigen oder Verbündete zu gewinnen. Wer wen laust, sagt außerdem etwas über die Sozialstruktur der Affengruppe aus. Zwischen Lausendem und Gelaustem besteht immer eine bestimmte Beziehung, und der Gefallen, den der eine dem anderen erweist, ist auf irgendeine Weise motiviert. Wie steht es mit uns Menschen? Sie haben es gelesen: Auch im Unternehmen wird ab und an »gelaust«. Welche Formen des Lausens kennen wir, und warum lausen wir überhaupt?

Das machst du wirklich toll!

Selbstverständlich drücken wir unseren Kollegen keinen Mitesser aus oder klauben ihm die Schuppen aus dem Haar. Nein, wir lausen mit Worten und machen Komplimente: »Schicke Schuhe hast du heute.« Oder: »Danke für deine Hilfe bei der Präsentation. Das hat mir wirklich viel gebracht!« Auf diese Weise pflegen wir die Beziehung zu unseren Kollegen, halten sie stabil oder deuten an, dass wir eine solche anstreben. Eine besondere Form von Kompliment ist das Lob. Es verläuft meist in der gleichen »Richtung«: vom Vorgesetzten zum Untergebenen. In umgekehrter Richtung erfolgt folgende Form von Lausen: das Mitbringen von Kaffee, wenn man ohnehin zum Automaten geht. Höchst unüblich ist es nämlich, dass Vorgesetzte ihren Sekretärinnen Kaffee servieren.

Und, wie war dein Urlaub?

Menschen plaudern gerne und vorzugsweise im Büro. Damit meine ich nicht das Reden über die Arbeit oder über sachbezogene Themen, sondern das informelle Schwätzchen am Schreibtisch, am Kaffeeautomaten, am Kopierer oder im Flur. Ob wir dazu bewusst die Nähe anderer suchen oder ihnen zufällig über den Weg laufen, spielt keine Rolle. Wichtig ist nur, dass man sich ein paar Minuten ungezwungen unterhält. Oft geht es um Nebensächliches, und manchmal läuft es sogar auf reinen Klatsch hinaus. Fest steht auf jeden Fall, dass im Interesse der Beziehungspflege kurz Kontakt gesucht wird.

▶ Das Plaudern ist das Lausen beim Menschen.

Ein typisches Beispiel ist das Gespräch nach dem Wochenende oder einem Urlaub des Kollegen:»Schönes Wochenende gehabt?« Oder:»Na, wie war's im Urlaub?« Solche Sätze bilden den Auftakt zu einer mehr oder weniger intensiven»Fellpflege«. Je besser man sich versteht, desto gründlicher wird dabei»gelaust«: Wenn der Kollege nämlich nicht nur vom Urlaub berichtet, sondern auch noch einen Packen Fotos hervorholt und witzige Erlebnisse schildert, ist die Beziehung intensiver, als wenn die Antwort nur»Schön war's« lautet. Übrigens kann man auch bei Affen, die vorübergehend voneinander getrennt waren, beobachten, dass sie sich beim Wiedersehen umarmen und danach ausgiebig lausen. Nach dem menschlichen»Lausen« am Montagmorgen ist der Kontaktpflege dann erst mal Genüge getan, und jeder macht sich wieder an die Arbeit.

Tatsächlich konnte ich eindeutig feststellen, dass sich die Beliebtheit einer Person beziehungsweise ihre soziale Stellung im Unternehmen durchaus daran bemessen lässt, wie die anderen nach dem Urlaub reagieren: Wie viele Kollegen erkundigen sich, wie die Ferien waren? Kommen sie eigens ins Büro des Heimkehrers, um nachzufragen? Setzen sie sich kurz zu ihm, um seine Fotos anzusehen? Wie lange und ausführlich wird über Details geredet, zum Beispiel über das Essen im Hotel?

64

Gemeinsam Fotos ansehen. Sowohl erwachsene Bonobos als auch die Jungtiere lausen gerne. Im Büro halten Kollegen ein Pläuschchen, sehen sich zusammen Urlaubsfotos an oder gehen gemeinsam Mittag essen. Der Effekt ist der gleiche: Man knüpft ein starkes soziales Band, obwohl natürlich die menschliche Variante des Lausens nicht ganz so erquickend ist wie die der Affen.

Ich muss mal Dampf ablassen!

Affen lausen nicht nur, um soziale Beziehungen zu pflegen, sie lösen damit auch Konflikte. Wenn zwei Konkurrenten um die Führungsposition aufeinander losgehen, wenn es Streit ums Futter gibt, wenn Weibchen fremdgehen, wenn heranwachsende Männchen ihre Kompetenzen überschreiten oder Affenjunge über die Stränge schlagen: Hinterher haben sämtliche Gruppenmitglieder das große Bedürfnis, den Streit beizulegen und wieder Frieden zu schließen. Das Lausen hat sich als praktischer Mechanismus bewährt, nach einer Auseinandersetzung Stress abzubauen und sich wieder zu vertragen.

Dominante Pavianmännchen beispielsweise lassen sich nach einem Kampf gegeneinander von ihrem jeweiligen Harem, also von den Weibchen und den noch nicht geschlechtsreifen jungen Männchen, ausgiebig lausen. Wie beschrieben, sorgen die dabei freigesetzten opiumähnlichen Substanzen für Entspannung im Körper. Zudem wird eindeutig klargestellt, wer Freund und wer Feind ist. Es ist daher nicht ungewöhnlich, dass sich auch rivalisierende Schimpansenmännchen nach einem Streit annähern und lausen. Manchmal ist dafür allerdings ein Umweg nötig, und die »Streithähne« lausen erst gemeinsam einen dritten Artgenossen, bevor sie sich einander zuwenden. So versöhnen sie sich gewissermaßen indirekt, und der Stress wird schrittweise abgebaut.

▶ Sie suchen Entspannung nach einem Konflikt?
Wie wär's mit einer Runde Lausen?

Natürlich »lausen« auch wir Menschen im Büro besonders ausgiebig nach stressgeladenen Situationen oder Konfrontationen: Wir suchen das Gespräch mit einem Kollegen, von dem wir das Gefühl haben, dass er uns zugewandt ist. Oft geht das plaudernde »Lausen« dann in Klatsch und Tratsch über: Abseits der Gruppe lästern wir über den, der uns den Stress bereitet hat. Damit ist das »Lausen« auch im Unternehmen ein probates Mittel, sich nach Zusammenstößen jeglicher Art über Freund und Feind klar zu werden und wieder zur Ruhe zu kommen.

Ebenso oft kommt es vor, dass sich die Teilnehmer nach einer offiziellen Besprechung oder einem Meeting – die oft ja eher einer Auseinandersetzung als einem neutralen Gespräch gleichen – im kleinen Kreis noch ein Weilchen »lausen«: Man findet sich grüppchenweise zusammen, nimmt die konträren Positionen noch einmal unter die Lupe und führt zusätzliche Argumente ins Feld. Dabei kristallisiert sich langsam heraus, wer für oder gegen welchen Standpunkt ist. Die lockeren Gespräche im Nachhinein entschärfen den vorangegangenen Konflikt. Sie bieten den Beteiligten Gelegenheit, sich in weniger erhitzter Atmosphäre eine Meinung zu bilden und sich eventuell anzunähern.

Eigentlich ist es doch jammerschade, dass so viele Angestellte in Unternehmen Konflikte grundsätzlich scheuen! So bringen sie sich um den Genuss des »Lausens« beziehungsweise »Gelaustwerdens« und verschärfen die Konflikte auch noch unnötig. Vergessen wir nicht: Konfrontationen, die von »Phasen des Lausens« gefolgt werden, bilden die Basis einer guten Zusammenarbeit und stellen sozusagen das Öl im sozialen Getriebe am Arbeitsplatz dar.

Wer laust wen?

Wir Menschen haben eindeutig die Tendenz, nach oben zu lausen: Ein Angestellter befasst sich meist länger mit dem Chef als umgekehrt (abgesehen von Lob).

▶ Die Richtung des Lausens ist meist dieselbe: von unten nach oben.

Auch bei Affen wird hauptsächlich nach oben gelaust. Das heißt aber nicht, dass der Anführer sich nicht revanchieren würde. Auch er macht sich immer wieder die Mühe zu lausen. Natürlich tut er das oberflächlicher, ähnlich in etwa dem Abteilungsleiter, der nach dem Urlaub kurz bei seinen Mitarbeitern vorbeischaut und fragt, wie es in den Ferien war. Dabei kann er die Antwort oft gar nicht mehr hören, weil er bereits auf dem Weg zum nächsten Kollegen ist.

Selbstverständlich gibt es auch Chefs, denen man mit der Behauptung, es werde stets von unten nach oben »gelaust«, unrecht tut. Sie scheinen sich tatsächlich für ihre Mitarbeiter zu interessieren und nehmen sich Zeit für einen kleinen Plausch. In diesem Fall ist das »Lausen« nach unten in aller Regel eine bewusste Strategie und Teil der Machtpolitik des betreffenden Vorgesetzten. Er ist sich seiner Position entweder sehr sicher, oder aber er muss seine Macht noch etablieren. Jedenfalls »laust« er ganz bewusst nach unten und verfolgt damit einen bestimmten Zweck.

In diesem Zusammenhang ein Wort zu den Chefs, die ausschließlich an Freitagnachmittagen »lausen« und dabei eine Liste mit Fragen an die Mitarbeiter abarbeiten: Solches Verhalten fällt nicht unter natürliches »Lausen«, sondern entspringt einer angelernten Strategie des Umgangs mit Untergebenen.

Mahlzeit!

▶ Wenn Sie wissen möchten, wie es um das Betriebsklima steht, gehen Sie in die Kantine.

Wenn mich ein frischgebackener Geschäftsführer fragt, wie er sich am schnellsten einen Überblick über das Sozialgefüge eines Unternehmens verschaffen kann, antworte ich für gewöhnlich: »Sehen Sie sich an, was bei der Fütterung passiert.« Wie bei unseren Affenverwandten treten nämlich die Sozialbeziehungen unter Kollegen bei der Fütterung (sprich: beim Mittagessen) besonders deutlich zutage. Die Betriebskantine ist deshalb ein idealer Beobachtungsort.

Wollen wir uns das Menü teilen?
Lassen Sie uns zunächst die Nahrungsaufnahme der Affen genauer unter sie Lupe nehmen: Bei ihnen geht es einen großen Teil des Tages nur um die Nahrungszufuhr. Gerade bei wild

Alles meins! Die Nahrung der Bonobos ist in der Natur reichlich vorhanden. Sie leben von Kräutern, Laub und Früchten. Im Zoo werden sie zu bestimmten Zeiten regelmäßig mit Futter versorgt. Manchmal bekommen sie sogar einen Extrahappen. Aufgrund der spezifischen Hierarchie der Bonobos kann keines der Gruppenmitglieder das Futter für sich alleine horten. Während der Fütterung versucht jeder Affe seinen Anteil zu bekommen. Das führt zu Stress und damit zu Sex. Junge Weibchen, die in der Rangordnung weiter unten stehen, versuchen an ihren Anteil zu kommen, indem sie sich für einen Quickie »anbieten«. Danach hauen sie mit ihrer »Belohnung« ab und lassen das Männchen mit leeren »Händen« zurück.

lebenden Tieren gehören das Fressen und die Nahrungssuche zu den wichtigsten Aufgaben des Tages.

In Gefangenschaft gestaltet sich die Suche natürlich weniger spektakulär: Die Tiere bekommen das Futter vorgesetzt und brauchen es im Grunde nur noch zu verzehren. Doch auch hier spielt es eine zentrale Rolle im Tagesablauf: Ernährung bedeutet mehr als nur die Aufnahme der nötigen Nährstoffe, es ist auch ein soziales Spiel. Hat zum Beispiel ein Affe einen Leckerbissen ergattert, kann man um ihn herum einen wahren Wirbel an Verhaltensweisen beobachten.

Wer bei den Affen die Nahrung verteilt, hat das Sagen. Das hat verschiedene Ursachen: Zum einen will jeder etwas abhaben, zum anderen sieht es das Sozialverhalten so vor. Denn der Besitz von Nahrung bedeutet in der Regel Macht. Häufig beansprucht der Alpha-Affe alles Futter für sich, um es dann nach seinen Kriterien zu verteilen. Auch wenn die Verfügung über das Futter bei einem rangniedrigeren oder einem weiblichen Tier liegt, erfolgt die Verteilung nicht willkürlich: Verwandte und Verbündete werden als Erste bedacht. Mit Nahrung lässt sich Unterstützung gleichsam erkaufen, die selektive Futterverteilung stärkt die eigene Position.

▶ In der Kantine gilt: Wer das Essen mit anderen teilt, bekommt Unterstützung.

Auch wir suchen uns zum gemeinsamen Mittagessen Kollegen aus, mit denen wir gern zusammen sind. Mit ihnen verbindet uns mehr als mit anderen. Oft sind es sogar eher Freunde als Kollegen. Das gemeinsame Essen bedeutet also, wie bei den Affen, Unterstützung im ewigen Kampf um die Hierarchie.

Neben all den teilenden Kollegen gibt es auch den einen oder anderen, der nicht teilt: Er geht nicht zum gemeinsamen Essen in die Kantine, sondern ist froh, den Kollegen einmal für kurze Zeit den Rücken zu kehren und für sich zu sein. Außerdem gibt es noch die »Wandervereine«: Kleingruppen, die sich von der »Horde« absondern und in der Mittagspause zusammen spazieren gehen. Das müssen nicht unbedingt Abteilungskollegen sein. Oft sind es auch Freunde, die sozusagen von draußen zu Besuch kommen, oder Mitarbeiter einer anderen Abteilung, mit denen man sich aufgrund ähnlicher Interessen gut versteht.

Und noch jemand teilt eher selten und nimmt sein Mittagessen oft lieber separat ein, abseits vom Fußvolk: der Chef. In großen Unternehmen ist es sogar durchaus üblich, dass die Führungskräfte eine eigene Kantine haben, eine Offiziersmesse, wenn man so will. Dadurch entgeht ihnen allerdings, was sich in der Belegschaft so tut. Zudem entsteht bei den Angestellten oft der Eindruck, dass der »Alpha-Affe«, der sich beim »Fressen« nicht unter sie mischt, ein Affe sein könnte, der nicht so gerne teilt.

Willst du mit mir essen gehen?

▶ Bei den Affen verrät die Sitzordnung beim »Essen« viel über die Rangordnung.

Affen haben beim Essen eine strenge »Sitzordnung«: Wer bei wem sitzt, ist keine Frage des Zufalls. Je nach Affenart sitzen zum Beispiel Familienmitglieder zusammen, oder die Weibchen bilden Kleingruppen. Manche Tiere hocken dicht beim Anführer, andere weit von ihm entfernt. Durch die Wahl des Sitzplatzes betonen die Affen also ihren Rang in der Hierarchie oder stärken die gegenseitige Beziehung. Dabei suchen Verbündete, auch in konfliktfreien Zeiten, die gegenseitige Nähe.

▶ Auch wir Menschen suchen uns unsere Tischpartner ganz genau aus.

Bei uns ist das ganz ähnlich: Viele von uns setzen sich erklärtermaßen nebeneinander an den Tisch, um das Netzwerk zu pflegen. Einmal sitzen wir neben dem einen, ein andermal neben dem anderen Kollegen, immer mit Blick auf das eigene Interesse. Haben wir jemanden länger nicht gesehen, schlagen wir ihm vor, doch »wieder mal zusammen essen zu gehen«.

71

Sitzordnung. Es wird nicht immer zufällig entschieden, wer neben wem sitzt. Die Sitzordnung verrät uns etwas über gegenseitige Toleranz, Beziehungen, Freundschaft oder Verwandtschaft. Gorillas wählen ganz bewusst aus, wo und neben wem sie sitzen. Am besten lässt sich das bei der Futterverteilung beobachten: Rivalen hocken niemals nebeneinander, die jungen Affen bleiben bei der Mutter, und der Anführer hat immer »Untergebene« bei sich.

Wer sitzt noch in der Kantine nebeneinander am Tisch? Manchmal sind es auch Kollegen mit einem vollen Terminkalender. Er lässt ihnen keine andere Wahl: Das Gespräch muss beim Mittagessen fortgesetzt werden. Oft geht es aber in Wirklichkeit darum, zu sondieren, was der andere so denkt. Denn wer redet schon gern beim Essen von der Arbeit? Die gemeinsame Mahlzeit erleichtert zudem Verhandlungen. Nicht umsonst wird bei geschäftlichen Besprechungen häufig ein Imbiss serviert. Kunde und Lieferant kommen schneller zusammen, wenn sie sich gemeinsam etwas schmecken lassen. Schnell kann das Essen dann zur Belohnung werden, zum Beispiel wenn eine erfolgreiche Verhandlung mit einem gemeinsamen Restaurantbesuch abgeschlossen wird.

Wer beim Essen neben wem sitzt, kann also auch bei uns Menschen viel über das soziale Miteinander aussagen.

4 Kindsköpfe

Wir bewegen uns in immer wieder neuen sozialen Gruppen: erst in der Schule, dann im Ausbildungsbetrieb oder auf der Universität, anschließend an wechselnden Arbeitsplätzen. Mit jedem Eintritt in eine neue soziale Umgebung beginnt eine neue Lernzeit. Wir müssen uns immer wieder gruppenspezifische Fertigkeiten aneignen und mittels »Versuch und Irrtum« die Normen und Werte der jeweiligen Gruppe erkunden. Es ist, als setzte uns jede Veränderung der sozialen Umgebung wieder in die Kindheit zurück. Denn bereits als Kinder erlernen wir soziale Regeln und eignen uns durchs Spielen bestimmte Fertigkeiten an. Sind also alle Mitarbeiter ab und zu »kleine Kinder«, die nur ein bisschen spielen wollen? Betrachten Sie mit mir die »Kindheit« bei Affen und Menschen, und finden Sie spannende Parallelen zu Ihrer Arbeitswelt.

Nachmacher, Nachmacher!

Alle Menschenaffen haben eine relativ lange Kindheit. Die der Menschen ist dabei am längsten: Geschlechtsreif und damit in sexueller Hinsicht erwachsen sind wir mit etwa dreizehn, aber erst Jahre später gelten wir auch als Erwachsene. Die

Das hässliche Entlein. Die körperlichen Proportionen und die Fellfarbe junger Primaten ähneln, wie bei diesem Berberaffen, oft nicht denen ihrer Eltern. Das ist jedoch ihr bester Schutz: So werden die Jungen von den adulten Tieren schnell und leicht erkannt und genießen deren Schutz und Fürsorge.

anderen Menschenaffen erreichen um das zehnte Lebensjahr herum das »Erwachsenenalter«. Sie wissen ja schon, warum wir eine lange Kindheit wirklich dringend nötig haben: Affenjunge und Menschenkinder brauchen Zeit zum Lernen.

▶ Im Gegensatz zu anderen Tierarten ist die Kindheit bei Schimpansen, Gorillas, Orang-Utans und Bonobos sehr lang.

Durch Anschauung, eigenes Ausprobieren und vor allem durch das Nachahmen lernen Affenjunge, welche Nahrung essbar ist, wie sie mit einem Stöckchen nach Termiten angeln, mit Steinen Nüsse knacken, und welche Pflanzen Heilwirkung haben. Sie halten sich stets in der Nähe der erwachsenen Tiere auf und beobachten zunächst deren Tun und Lassen.

75

Ganz der Papa. Junge Gorillas imitieren das Verhalten erwachsener Tiere. Das Brusttrommeln ist ein angeborenes Verhalten. Wann es eingesetzt wird, muss das Jungtier jedoch noch lernen, ebenso wie zahlreiche andere soziale Regeln innerhalb der Gruppe.

Anschließend probieren sie es selber aus. Würden die »Affenkinder« von den Erwachsenen nicht so viel lernen, könnten sie in freier Natur nicht überleben.

Auch im Spiel ahmen Affenjunge nach. Spiel und Nachahmung sind nämlich die ideale Schule und bereiten die jungen

Affen auf eine mögliche Führungsposition vor: Es ist zum Beispiel nicht ungewöhnlich, dass kleine Gorillas sich, wie der
Vater es vormacht, auf die Brust trommeln oder dass sie vor
ihrer Gruppe und den Zoobesuchern Imponierverhalten zeigen.

▶ Im Büro gibt es immer mal wieder einen »kleinen Affen«,
der einen großen nachahmt.

»Junge Affen«, die den Chef imitieren, trifft man auch in Unternehmen an: Manchmal geht es dabei »nur« um Äußerlichkeiten. Trägt der Boss beispielsweise keine Krawatte oder bevorzugt er eine Fliege, so gibt es immer Mitarbeiter, die es
ihm nachtun. In anderen Fällen werden Gesten oder Rede-
wendungen nachgeahmt, mitunter auch die Vorliebe für eine
bestimmte Automarke, oder man legt sich das gleiche Hobby
zu wie der Chef. Manche Kollegen versuchen sogar, sich Zu-
gang zu seinen Kreisen oder zu seinen Netzwerken zu verschaffen. Und wieder andere machen sich wichtig, indem sie
mit ihren Kontakten zu hochgestellten Persönlichkeiten, mit
denen der Chef befreundet ist, prahlen.

Kuckuck, hier bin ich!

Menschenaffenkinder sind nicht nur Nachmacher, sie entdecken im Spiel auch ihr eigenes Ich. Denn Spielen ist dafür die
ideale Methode, weil kaum Gefahren damit verbunden sind.
Eine wilde Affenbalgerei mit einem Altersgenossen verläuft
sehr viel harmloser, als wenn das Jungtier sich zum Kräftemessen mit einem Erwachsenen angelegt hätte.

Spiel. Nicht nur Berberaffenkinder spielen, auch junge erwachsene Tiere lassen sich gern auf eine Balgerei ein. Ihr Gesichtsausdruck mit dem geöffneten Mund zeigt, dass es sich hier um keine ernsthafte Auseinandersetzung handelt.

Welche Spiele gibt es, um sich selbst zu »entdecken«? Nun, Schimpansenkinder spielen beispielsweise gern Verstecken, was – nebenbei bemerkt – ihre hohe Intelligenz belegt. Dieses Spiel gelingt nur, wenn man sich seiner selbst bewusst ist. Beim Versteckspielen muss man nämlich einschätzen können, ob man vom anderen gesehen wird oder nicht.

▶ Menschenaffen brauchen das Spiel.
Es hilft ihnen zu lernen.

Die tatsächliche Entwicklung des Ich-Bewusstseins beginnt, wie bei den Menschenkindern, mit dem traditionellen Ku-

Wer bin ich? Bei ihren spielerischen Raufereien können junge Gorillas sich selbst kennenlernen. Sie erfahren auf diese Weise, wie sie die eigene Kraft und die anderer richtig einschätzen.

ckuck-Spiel: Der kleine Affe bedeckt seinen Kopf mit einem Tuch oder einem Stück Sackleinen und hält sich zunächst für unsichtbar. Erst nach und nach findet er heraus, wie man tatsächlich »verschwindet«. Auch wir Erwachsene kennen das Kuckuck-Spiel: Gibt es nicht in jedem Unternehmen ab und an einen Chef, der sich ein »Tuch« über den Kopf zieht? Nachdem ein Konflikt offenbar wurde, suggeriert er damit: »Ich war nicht dabei« oder »Ich wusste nicht Bescheid« und benimmt sich damit reichlich kindisch.

Spielst du mit mir?

Junge Menschenaffen lernen nicht nur, wie man sich bestimmte Techniken von Älteren »abschaut« oder wer man eigentlich selbst ist, sondern haben auch »Sozialkundeunterricht«. Sie stellen fest, dass sie in einem bestimmten sozialen Umfeld mit bestimmten Regeln leben, und finden dabei heraus, wie ihr eigenes Verhalten auf andere wirkt: Kleine Kinder zeigen beispielsweise noch keine Hemmungen. Deshalb kommt es immer wieder vor, dass sie das Aussehen oder Verhalten anderer Leute lautstark kommentieren. Mit der Zeit aber lernen sie, oft auch spielerisch, dass Offenheit auch Nachteile haben kann. Sie beginnen, die möglichen Konsequenzen ihres Verhaltens und ihrer Äußerungen im Vorfeld abzuwägen.

Auch Affen erkunden im Spiel soziale Regeln und erfahren so, was Macht und Hierarchie bedeuten. Sie fordern Altersgenossen zu Balgereien heraus und lernen auf diese Weise, ihre eigene Kraft einzuschätzen. Darüber hinaus werden taktische Fertigkeiten eingeübt. Die Jungtiere lernen außerdem, andere zu manipulieren und sich zu verstellen.

Finden Sie nicht auch, dass junge oder neue Mitarbeiter auch Gelegenheit bekommen sollten, sich all das anzueignen, was sie zu Hause, auf der Schule oder bei ihrem letzten Arbeitgeber nicht gelernt haben? Dazu gehören vor allem bestimmte soziale Fertigkeiten, die in der Praxis ausprobiert und eingeübt werden. Die Neuen brauchen Zeit zum »Spielen«! Sie müssen einfach erst lernen, in welchen Fällen man jemandem ungestraft einen »Hieb« versetzen kann, wann mit Gegenwehr zu rechnen ist und dass Manipulation sich manchmal lohnt, auf lange Sicht aber eher Nachteile bringt.

Für diese Lernprozesse sehen die Unternehmen leider kaum

Spielen mit Lerneffekt. Nichts macht Bonobokindern mehr Spaß als ein ausgelassenes Gruppenspiel. Dabei lernen sie nicht nur, welches ihr Platz in der Gruppe ist, sondern auch deren Werte und Normen.

Spiel-Raum vor. Junge Leute werden rasch in Funktions- und Kompetenzprofile gepresst, ohne vorher austesten zu können, was möglich ist. Sie haben noch nichts über die firmenspezifischen Werte und Normen gelernt und werden nicht selten »ins kalte Wasser« geschmissen. Das kann deren Kreativität hemmen und die Initiative ausbremsen.

▶ Jeder neue Mitarbeiter sollte die Möglichkeit bekommen, eine Runde zu spielen.

Viele Betriebe halten sich zwar zugute, dass sie jungen Mitarbeitern die Möglichkeit bieten, als Trainee auf Entdeckungstour zu gehen und sich sozusagen spielerisch zu erproben. In Wirklichkeit greift man aber nur einige der jungen Leute als potenzielle »Alphaaffen« heraus und lässt sie dann für jeweils kurze Zeit auf die verschiedenen Abteilungen los. Können sie so in die soziale Gruppe der Kollegen integriert werden? Wird man dort ihr Verhalten korrigieren? Wer haut schon dem eventuell zukünftigen Chef auf die Finger, wenn er sich nicht an die Regeln hält? Die einzige Sozialgruppe, zu der diese Leute wirklich gehören, ist nur die ihrer ebenfalls neuen Mit-Trainees. Die Werte und Normen, die sie lernen, sind nicht die ihrer (zukünftigen) Kollegen oder Mitarbeiter, sondern die ihrer Betreuer. Wie schade! Denn eigentlich brauchen gerade neue Mitarbeiter viele Gelegenheiten, um sich »auszutoben« und so einzugewöhnen.

5 Umbaumaßnahmen

Veränderungen bringen Affen und Menschen dazu, sich fort-
zuentwickeln. Charles Darwin zufolge kann eine Art nur
dann überleben, wenn sie sich fortwährend an Änderungen
ihrer Umgebung anpasst. Wer sich am besten anpasst, über-
lebt (»Survival of the fittest«). Sind die Veränderungen zu
massiv und eine Anpassung wird unmöglich, sterben laut
Darwin sogar ganze Arten aus.

▶ Veränderungen sind wichtig.

Gibt es heute tatsächlich noch Veränderungen, die uns mit
dem Aussterben bedrohen? Ganz so schlimm ist es nicht!
Trotzdem: Die Affen und auch wir müssen uns ständig an
neue Bedingungen in unserer unmittelbaren Umgebung anpassen. Für die Affen in freier Wildbahn können sich beispielsweise die Verfügbarkeit von Nahrung, das Klima, der
Lebensraum oder auch die Zusammensetzung der Gruppe jederzeit ändern.

▶ Veränderungen können Stress auslösen.

Bei uns Menschen verhält es sich nicht anders: Gerade in und
um ein Unternehmen ändern sich die Bedingungen ebenfalls

ständig. Wer Markt- oder Wettbewerbsentwicklungen ver-
schläft, kann seine Firma zumachen, und auch innerhalb des
Unternehmens sind Veränderungen unvermeidlich: Immer
wieder kommt es zu einem Wechsel in der Belegschaft und
auch im Management.

Ein bisschen besser als die Affen haben wir es doch: Denn
einige von uns haben die Möglichkeit, Tempo und Häufigkeit
der Veränderungen im Arbeitsalltag zu steuern. Tatsächlich
ist es so, dass wir Menschen Veränderungen, die wir selbst
herbeigeführt haben, besser tolerieren können als solche, die
uns von außen auferlegt werden. Sie sind zwar oft unvermeidlich, reizen aber zum Widerstand. Häufig werden die Neuerungen derart schnell eingeführt, dass der Einzelne außer-
stande ist, Schritt zu halten. Vergleichen lässt sich das mit der
Zerstörung des Lebensraums von Affen: Der Mensch greift
so schnell in ihre Situation ein, dass eine Anpassung unmöglich wird.

Jeder Chef, der die Chance hat, Veränderungen im Unternehmen einzuführen, trägt also eine große Verantwortung: Er
sollte versuchen, die Folgen der Neuerungen beherrschbar zu
machen und sie so einzuführen, dass alle seine Mitarbeiter damit Schritt halten können.

Darf ich vorstellen: der neue Kollege

Welche Veränderungen kennen wir im Unternehmen? Kann
ein Chef sie wirklich alle steuern, sodass seine Mitarbeiter
nicht »aussterben«? Nun, eine relativ häufige Veränderung ist
die Einführung eines neuen Mitarbeiters. Und hier gibt es tatsächlich einiges, was ein guter Chef beachten könnte.

Welchen nehmen wir bloß?

Betrachten wir zunächst die Affen: Beschließt ein Zoo, ein neues Tier in eine Affengruppe einzuführen, geht er dabei mit größter Sorgfalt vor. Das Wohlbefinden des neuen Tieres, aber auch das der bereits vorhandenen Gruppenmitglieder müssen während und nach dieser Veränderung gewährleistet bleiben. Pfleger und Zooleitung überlegen schon im Vorfeld, ob der Neuling in die Rangordnung passt. Sie nehmen zum Beispiel kein dominantes erwachsenes Tier, wenn die Gruppenspitze schon besetzt und stabil ist. Auch mögliche künftige Ambitionen des Kandidaten werden in die Überlegungen einbezogen, um das Risiko heftiger Rangkämpfe, womöglich mit Todesfolge, zu vermeiden. Aus diesem Grund werden bevorzugt junge Tiere in eine bestehende Gruppe aufgenommen.

▶ Wenn die Affen im Zoo einen neuen »Mitarbeiter« bekommen, geschieht das sehr behutsam.

Vergleichsweise nachlässig wird dagegen zu Werke gegangen, wenn ein neuer Kollege in die Abteilung eines Unternehmens kommt. Während des Bewerbungsverfahrens richtet sich das Augenmerk leider zunächst ausschließlich auf den Kandidaten und die Anforderungen der zu besetzenden Stelle. Der Chef will eigentlich nur eines wissen: Eignet sich Herr Müllermeier für die Stelle? Und, seien wir ehrlich: Auch Herrn Müllermeier selbst interessiert erst einmal nur, ob und zu welchen Bedingungen er den Job bekommt. Ob er auch (in sozialer Hinsicht) zu den Kollegen passt, spielt im Bewerbungsverfahren eine untergeordnete Rolle.

Nach einem oder zwei Gesprächen kann der Chef zwar sagen, ob Herr Müllermeier fachlich qualifiziert ist, kaum aber, ob das auch für seine Persönlichkeit gilt. Wie würde sich der

Boss wohl entscheiden zwischen einem Bewerber mit der gewünschten Ausbildung und Erfahrung, der aber nicht so gut in die Abteilung passt, und einem Bewerber ohne große Erfahrung und Fachkompetenz, der sich wahrscheinlich gut integrieren könnte? Die Entscheidung fällt meist zugunsten von Ausbildung und Berufserfahrung, obwohl es wesentlich einfacher ist, sich fachlich zu qualifizieren als seine Persönlichkeit zu verändern. Man geht schlichtweg davon aus, dass der Neue und seine Kollegen sich schon aneinander gewöhnen werden.

Hallo, ich bin der Neue

Nun wird es spannend: Ist die Entscheidung gefallen und der Bewerber ausgewählt, wird der Neue in die Gruppe eingeführt.

▶ Kommt ein Neuer ins Büro, brauchen vor allem seine zukünftigen Kollegen viel Mut, denn sie haben keine »Tierpfleger« an ihrer Seite, die sie während der Eingewöhnung begleiten, um Stress zu vermeiden.

Wie funktioniert das im Zoo? Hat man sich für ein bestimmtes Tier entschieden, geht es jetzt darum, auf welche Weise man es in die Gruppe einbringt: Schrittweise oder gleich endgültig, eventuell sogar nachts oder doch lieber bei Tage? In jedem Fall vollzieht sich die Eingliederung unter dem wachsamen Auge der Pfleger. Nur sie wissen um die Risiken: Stress und Aggressivität können zunehmen, und jedes Mitglied der Gruppe muss seine hierarchische Position neu oder wieder finden.

Ein neuer Mitarbeiter dagegen wird oft auch einfach ins kalte Wasser geworfen und erscheint am Ersten eines Monats

Tarnung. Bei manchen Affen unterscheiden sich männliche und weibliche Tiere äußerlich sehr stark, beispielsweise bei den Weißgesichtsakis. Ausgewachsene Männer tragen eine auffällige Gesichtsmaske aus weißgelben Fellhaaren. Als Jungtiere hingegen sehen sie aus wie ihre Mütter und sind somit bestens vor Raubtieren geschützt. Auch für neue Arbeitnehmer in Unternehmen kann es von Vorteil sein, möglichst wenig aufzufallen. Aus diesem Grund passen viele ihre Kleidung dem an, was in ihrer Abteilung üblich ist.

plötzlich an dem bis dahin unbesetzten Schreibtisch. Führt der Chef den Newcomer offiziell ein, hat das auch nicht unbedingt nur Vorteile. Meist bekommen seine künftigen Kollegen dabei wortreich zu hören, welche Bereicherung der Neue für das Team sein wird. Eventuelle Missfallensäußerungen werden mit Sätzen wie »Sie werden sich schon aneinander gewöhnen« abgetan. Management und Personalabteilung, die den Bewerber eingestellt haben, geben nur selten zu, dass sie eine falsche Wahl getroffen haben und die Sozialstruktur der Gruppe womöglich völlig aus den Fugen gerät.

Im Zoo hingegen wird nicht nur das Tier, das neu in die Gruppe kommt, sondern auch die Gruppe selbst im Auge behalten. Veränderungen im Verhalten der Gruppenmitglieder werden genauestens beobachtet, registriert und analysiert. Das heißt jedoch nicht, dass der Neuling bei der ersten aggressiven Konfrontation sofort wieder herausgenommen wird. Veränderte Verhaltensweisen dürfen nur nicht zu einer dauerhaften Störung des Sozialverhaltens der Tiergruppe führen. Sie sollten sich auf den Prozess des gegenseitigen Kennenlernens und der hierarchischen Neuordnung beschränken.

Hier bleibe ich (nicht)

Wenn nach der Kennenlernphase alles gut geht, besetzt der Neue (egal ob Affe oder Mensch) eine vakante Position, sowohl »betriebstechnisch« als auch im gruppensozialen Sinn. Gelingt das nicht, kann ein dauerhafter Konflikt entstehen, der sich in andauernden Irritationen, ständigen Meinungsverschiedenheiten oder unterschiedlichen Arbeitsauffassungen äußert.

▶ Einige ergreifen die Flucht, wenn ein Neuzugang zu viel Stress mit sich bringt.

Solche Situationen sind schwierig für alle Beteiligten. Wenn sie eskalieren, kommt unser Stresscomputer nicht damit zurecht und dreht durch. Dann sind wir ganz auf Kampf oder Flucht programmiert. Man erlebt es immer wieder: Der Newcomer verlässt den Schauplatz mit eingezogenem Schwanz, aber auch Kollegen, die schon länger da sind, können die Flucht ergreifen.

Unser Stresscomputer kann zudem komplett abstürzen: Ein Kollege verlässt die Abteilung dann nicht durch Flucht, sondern krankheitshalber.

Es existieren kaum statistische Daten darüber, nach welcher Zeit und mit welcher (der Wahrheit entsprechenden) Begründung neue Mitarbeiter eine Firma wieder verlassen. In der Natur liegen die Dinge natürlich anders. Denken Sie nur an eine Freundschaft, die sich aus einer zufälligen Begegnung entwickelt. Es funkt, oder es funkt nicht, und man entscheidet dann, ob man seinen Weg gemeinsam fortsetzt oder nicht. Das funktioniert im Unternehmen leider nicht! Hier kann der Stress, den ein Neuzugang auslöst, ein gewichtiger Grund dafür sein, dass Mitarbeiter das Handtuch werfen. Ein guter Chef kann versuchen, diesen Stress durch Auswahl und Einführung des Neuen möglichst gering zu halten.

Darf ich vorstellen: der neue Chef

Richtig spannend wird eine Veränderung, wenn der Neue der Chef ist. Dass eine Firma einen neuen Chef bekommt, weil der alte versetzt oder entlassen wurde, kommt immer wieder vor. Wie bei den Affen rumort es in einem Unternehmen vor allem an der Spitze, und nicht wenige Betriebe könnten zumachen, wenn die Fluktuation innerhalb der Belegschaft genauso hoch wäre wie im Management.

▶ Bei den Affen ist es gar nicht so einfach, der neue Chef zu werden.

Auch bei Affen ist der Anführer einem gewissen Druck ausgesetzt. Er kann vom Thron gestoßen werden und soll sich dann mit einem niedrigeren Platz in der Rangordnung begnügen. In der Natur verlässt er in diesem Fall oft die Gruppe (meist unfreiwillig), und die Position muss neu besetzt werden. In der Regel erheben dann mehrere bis dahin rangniedrige männliche Tiere Anspruch auf die Führung. Es entbrennt ein Kampf um die Spitze. Welcher der Aspiranten am Ende die Alpharolle übernimmt, entscheidet letztlich die Gruppe. Die »Untertanen« sind es, die dem neuen »König« Unterstützung gewähren, indem sie Unterwerfungsgesten zeigen oder auch nicht. Übrigens akzeptieren sie als neuen Anführer eher ein Tier aus der Gruppe als eines, das von außen neu hinzugekommen ist. Dessen Überlegenheit erkennen die Affenuntertanen nämlich nicht so ohne Weiteres an. Ein ganz Neuer muss sich seinen hierarchischen Status erst von null an erkämpfen.

Subdominante Männchen aus der Gruppe dagegen haben sich bereits eine gewisse Position erobert und ein Netzwerk geknüpft. Sie wissen schon ganz genau, wer ihre Anhänger sind, und können ihre Überlegenheit auch einfach nur durch Bluffen demonstrieren, während ein Neuling physische Gewalt anwenden muss.

Für die Affengruppe können die Veränderungen, die entstehen, wenn ein neuer Affe, gerade einer von außen, den Thron besteigt, also durchaus Stress bedeuten. Das ist vor allem in Gefangenschaft häufig der Fall, wenn außerhalb des Geheges entschieden wird, wer in die Gruppe kommt. Die Tiere fügen einander eventuell Verletzungen zu, und die Gruppe insgesamt ist stärker angespannt. Viele Affen sind sich ihres Ranges nicht mehr sicher und müssen entweder flüchten oder kämpfen.

▶ Ein neuer Chef kann aus der Firma selbst oder ganz neu von außen kommen. Letzterer muss hart kämpfen, damit er den Thron auch wirklich besteigen kann.

Auch im Unternehmen sind Veränderungen dieser Art zunächst nicht gerade förderlich für das Betriebsklima: Es entsteht Stress, gerade auch dann, wenn die Wahl auf eine Führungskraft von außen, also auf eine betriebsfremde Person, fällt. Das Auswahlverfahren verläuft ähnlich wie bei der Einstellung eines neuen Kollegen, nur wird die Belegschaft dabei noch weniger einbezogen. Oft führt der neue »Anführer« dann auch noch andere Regeln ein oder ändert die Führungsstrategie (vergleichbar etwa mit der Kraftprotzerei eines dominanten Affenmännchens), was die soziale Situation noch weiter verkompliziert.

Darf ich vorstellen: unser neuer Partner

Man kann unmöglich über Veränderungen im Unternehmen sprechen, ohne auf Fusionen einzugehen. Es gibt nur noch wenige Firmen, die in ihrer jetzigen Form nicht durch eine Fusion entstanden wären.

▶ Fusionen sind gang und gäbe und sorgen für Veränderung und Wandel. Auch Paviane kennen die Vorteile von Zusammenschlüssen und leben in Clans.

Können Sie sich das in der Natur vorstellen? Es scheint undenkbar, dass sich die Anführer zweier Affenhorden treffen, einander gemütlich lausen, sich dabei etwas Grünzeug schmecken lassen und besprechen, wie sie ihre beiden Gruppen zusammenführen könnten, um ihre Machtposition auszubauen. Und um das gute Einvernehmen zu wahren, dürften sie sich mit den Weibchen des anderen paaren.

Ob Sie es glauben oder nicht, es gibt tatsächlich Affenarten, deren Sozialstruktur einer Holding gleicht, die mehrere Firmen unter ihrem Dach vereint: Mantelpaviane bilden

Clans. Die Bindungen darin beruhen überwiegend auf Verwandtschaftsbeziehungen. Dabei ziehen mehrere Harems gemeinsam in einem Clan umher, und abends kommen mehrere Clans zusammen, um die Nacht miteinander zu verbringen. Die Sozialstrukturen in dieser »Fusion« sind dabei relativ stabil. Die Individuen durchmischen sich zwar, sind aber trotzdem weiterhin in ihren Harem oder ihren Clan eingebunden. Es ist klar, welche Interaktionen möglich und erlaubt sind – innerhalb eines Harems, zwischen den Harems, zwischen den Clans. Die männlichen Tiere respektieren die Weibchen der anderen Männchen, und Fortpflanzung findet nur innerhalb eines Harems statt. Die tägliche Route wird von mehreren Weibchen und Männchen gemeinsam festgelegt. Droht Gefahr, tun sie sich zusammen – ein weiterer Vorteil des Clanlebens.

Doppeltes Glück und doppeltes Leid
Bei uns, den Menschen unter den Affen, laufen Fusionen leider nicht immer so vorteilhaft und reibungslos ab. Es ist eben nicht so harmonisch wie bei den Pavianen, die sich die Vorteile der Kooperation zunutze machen, ohne dass Struktur und Interessen der einzelnen Harems oder Clans größeren Schaden nehmen. Diese Affen begegnen einander stets mit großem Respekt. Firmenzusammenschlüsse ziehen dagegen im Allgemeinen meist die interne Struktur der Fusionspartner in Mitleidenschaft.

▶ Seien Sie vorbereitet: Fusionen können den Stresspegel anheben.

Die Veränderungen beginnen bereits mit dem ersten Schritt nach der Fusion: der Postenverteilung auf höchster Ebene. Die

Damen und Herren an der Spitze fechten untereinander aus, wer die Hierarchie anführt. Anschließend werden die Posten auf der nächstunteren Führungsebene verteilt. Bis die neue Rangordnung auch auf der untersten Führungsebene und bei der Belegschaft angekommen ist, hat dort schon längst ein ganz eigener hierarchischer Krieg begonnen: Die Angestellten der Firma A kämpfen gegen die Angestellten der Firma B um die besten Plätze in der Rangordnung. Denn die Postenverteilung erfolgt immer von oben nach unten. Leider ist noch niemand auf die Idee gekommen, das »Fußvolk« nach einer Fusion mitreden zu lassen.

▶ Ist die Fusion unter Dach und Fach, gehen die Probleme erst richtig los ...

Doch die Probleme hören nicht auf, wenn die Fusion juristisch abgeschlossen und die Posten offiziell verteilt sind. Jetzt geht es darum, wie man die Hierarchie, die man sich hart erkämpft hat, in der frisch »verheirateten« Firma etabliert. Ein Beispiel: In Betrieb A verfügen alle Mitarbeiter der mittleren und oberen Gehaltsgruppen über ein eigenes Zimmer, was eine gewisse Machtstellung signalisiert. In Betrieb B gibt es nur Großraumbüros, eigene Zimmer sind allein der Führungsspitze vorbehalten. Fällt bei einer Fusion die Wahl auf das Großraumbüro als idealen Arbeitsplatz, stürzt das einige Angestellte der ehemaligen Firma A in eine heftige Krise. Sie verlieren nicht nur ihre Zimmer, sondern vor allem auch ihren hierarchischen Status und eines der Instrumente, an dem sie ihn festmachen konnten.

Sicher kennen Sie weitere Beispiele für Schwierigkeiten nach einer Fusion. Es gibt sie wie Sand am Meer: der Verlust von Privilegien (reservierter Parkplatz) oder Identität (Firmenname), neue Arbeitszeiten oder die Standortverlegung. All das führt zu Stress bei den Mitarbeitern, und viele von ihnen werden, wie bereits beschrieben, kämpfen oder flüchten.

Warum sollten wir uns zusammentun?

Wenn eine Fusion so viele Probleme mit sich bringt, warum beschließen so viele Firmen trotzdem immer wieder, sich zusammenzutun? Nun, die Motive liegen auf der Hand und lassen sich grob in zwei Kategorien einteilen: die ökonomische und die persönliche Motivation.

▶ Eine Fusion? Unsere Firma ist gerettet!

Erstere basiert auf einem natürlichen Instinkt, nämlich dem Instinkt zu überleben. Auch bei den Affen beeinflusst dieser Instinkt den Umfang einer Gruppe. Deren Größe hängt davon ab, ob eine Bedrohung durch Angreifer existiert und ob entsprechend Nahrung und Raum zur Verfügung stehen. Um möglichen Angreifern besser entgegentreten zu können, sind Affen bereit zu kooperieren: Paviane versammeln sich beispielsweise besonders abends in größeren Trupps. Gibt es zudem ausreichend Nahrung und Raum, herrscht mehr Toleranz unter den Affen, und es können größere Gruppen gebildet werden.

Auch bei uns gibt es »Angreifer«, denen wir durch einen Firmenzusammenschluss zu entkommen suchen. Der wachsende Konkurrenzdruck und die Notwendigkeit, die Wirtschaftlichkeit zu verbessern, steigern den Überlebensinstinkt und führen zu Fusionen. Und – wie bei den Affen – bilden sich auch bei uns größere Gruppen, wenn der Tisch reich gedeckt ist. In Zeiten der Hochkonjunktur nehmen nämlich Unternehmenszusammenschlüsse deutlich zu. Man denke nur an die Fusionswellen in jüngerer Zeit. Verbindungen aus rein ökonomischen Motiven dienen dem Interesse der gesamten Gruppe, denn sie führen langfristig zu höheren »Überlebenschancen«, auch wenn sie zunächst mit Umstrukturierungen und Stellenabbau einhergehen.

Jetzt zur persönlichen Motivation einer Fusion: Sie speist sich vor allem aus dem Geltungsdrang des »Anführers«, aus seinem Bedürfnis, eine möglichst große Gruppe zu dominieren. Bei den Affen hängt das mit dem Fortpflanzungserfolg zusammen: Ein Gorillamännchen mit einem großen Harem setzt meist mehr Nachkommen in die Welt als einer mit einem kleinen Harem. Auch bei Schimpansen entscheiden die Gruppengröße und insbesondere die Anzahl fruchtbarer Weibchen über den Erfolg des Alphamännchens. Der Drang eines Affen, eine große Gruppe zu beherrschen, steht also in unmittelbarem Zusammenhang mit seinen Fortpflanzungschancen.

▶ Eine Fusion? Die Macht ist mir sicher!

Ähnlich wie die Alphamännchen bei den Affen verfügen viele Unternehmensführer über einen starken Geltungsdrang und lassen sich von persönlichen Ambitionen leiten, wenn sie eine Fusion anstreben. Auf diese Weise können Zusammenschlüsse ohne ökonomische Notwendigkeit oder logische Synergie zustande kommen. Dabei geht es natürlich nicht, wie bei den Affen, um den Fortpflanzungserfolg. Nein, meist sind Geld und Macht der Antrieb. Das Gehalt eines Vorstandsmitglieds oder Firmenchefs verhält sich in aller Regel proportional zur Größe des Unternehmens. Und für die Aktionäre bringt eine Fusion häufig Kursgewinne mit sich. Außerdem verfügt derjenige, der eine größere Gruppe dominiert, über mehr Macht und damit über mehr Prestige, und zwar nicht nur innerhalb der Gruppe.

Eine Fusion kann also die Bedürfnisse des Chefs befriedigen, die tief in seiner Natur verankert liegen. So führen persönliche Motive zu den seltsamsten Verbindungen. Leider bieten aber gerade diese Fusionen nicht eben die beste Basis für den Erfolg eines neuen Unternehmens. Echte betriebswirtschaftliche Aspekte und das Interesse der Belegschaft kommen nämlich an zweiter Stelle und werden meist erst dann zur Kenntnis genommen, wenn die Fusion unter Dach und Fach ist.

Willst du mich heiraten?

Wie findet man den Partner, der zu einem passt? Diese Frage beschäftigt viele von uns nicht nur privat, sondern auch beruflich. Deshalb ähnelt die Suche nach dem perfekten Fusionspartner tatsächlich nicht selten dem Treiben auf einem Heiratsmarkt: Wir kennen die gezielte Suche nach dem optimalen Kandidaten, aber auch Zufallsbegegnungen, bei denen nicht immer gleich Liebe auf den ersten Blick im Spiel sein muss.

▶ »Attraktive junge Firma sucht gleichgesinntes, gut situiertes Unternehmen zwecks gemeinsamer Zukunft.«
Die Planung einer Fusion gleicht oft der Suche nach dem perfekten Partner.

Ist eine Fusion eher ökonomisch motiviert, wird – unter Umständen mithilfe eines externen »Heiratsvermittlers« – nach einem Kandidaten gesucht, der das Überleben einer Firma sichern soll.

Bonobo *(Pan paniscus)*. Die Affen leben in großen Verbänden aus mehreren Untergruppen in einem Waldgebiet südlich des Kongo. Sie ernähren sich von Früchten und bauen Spannungen durch Sex ab. Erwachsene Weibchen verlassen die Gruppe. Männliche Jungtiere bleiben lange von der Mutter abhängig.

Schimpanse *(Pan troglodytes).* Schimpansen leben in großen Gruppen mit komplexen sozialen Beziehungen und Machtverhältnissen, die sie intelligent durchschauen und für sich nutzen. Sie sind treusorgend und verwenden viel Zeit für die Pflege ihres sozialen Netzwerks, scheuen sich aber nicht, einander zu manipulieren, zu lügen oder zu täuschen.

Mensch *(Homo sapiens).* Er lebt in fast allen Gegenden der Erde, geht aufrecht auf zwei Beinen und gehört, anders als die anderen Primaten zahlreichen Sozialgruppen an (Familie, Freundeskreis, Firma). Jede dieser Gruppen hat eine eigene Sozialstruktur und Hierarchie, und der Mensch kann dabei unterschiedlich hohe Positionen bekleiden. Dass er stark territorial orientiert ist, zeigt sich darin, dass er seine »Reviere« abgrenzt, sowohl im familiären Umfeld (Haustür, Gartenzaun) wie auch im Arbeitsleben (Schreibtisch, Büro). In vielen Kulturen lebt der Mensch monogam, andernorts auch polygam. Ein wesentliches Merkmal, das ihn von anderen Primaten unterscheidet, ist die Kommunikation in Wort und Schrift.

Westlicher Flachlandgorilla *(Gorilla gorilla gorilla)*. Die Tiere leben in Haremsgruppen aus einem dominanten Männchen (Silberrücken) und mehreren Weibchen mit Jungen in den Regenwäldern Zentralafrikas. Sie ernähren sich von Blättern, Baumrinde und Früchten. Das Brusttrommeln und das Bauen von Schlafnestern sind angeboren.

Orang-Utan *(Pongo pygmaeus)*. Sie leben nicht in Gruppen. Die Weibchen halten sich trotzdem immer in der Nähe anderer Weibchen auf, während die Männchen umherstreifen. Orang-Utans sind Vegetarier und echte Baumbewohner. Sie klettern mit Vorder- und Hinterbeinen in den Bäumen herum.

Ohne Worte. Affen haben keine ausgefeilte Sprache wie wir Menschen. Sie kommunizieren mit Lauten, vor allem aber mit Gestik, Mimik und Körperhaltungen. Dadurch sind sie in der Lage, in Gruppen zusammenzuleben, wie etwa der hier gezeigte Berberaffe.

Lach doch mal! Dass Menschenaffen lachen können, ist bekannt. Jungtiere machen damit deutlich, dass ihre Streiche nicht böse gemeint sind, aber auch, dass sie Spaß an ihrem Tun haben.

Mamas Liebling. Die ersten Lebensmonate wird ein Gorillajunges von der Mutter am Körper getragen; es klammert sich am Bauchfell fest. Ist es etwa vier Monate alt, trägt die Mutter es auf dem Rücken. Solange die Kleinen »Kinderstatus« haben, gehen die erwachsenen Gruppenmitglieder, auch der Silberrücken, nachsichtig mit ihnen um und tolerieren sogar provozierendes Verhalten.

Spiel oder Ernst? Das vermeintliche Opfer auf diesem Bild zeigt mit seinem »Spielgesicht«, dass es sich um eine freundschaftliche Balgerei unter Gorillakindern handelt und um keine ernsthafte Auseinandersetzung.

Der Chef bin ich! Diese Berberaffen zeigen, dass mehrere Parteien an Machtdemonstration und Unterwürfigkeit beteiligt sein können. Der Chef verschafft sich auf unterschiedliche Art und Weise Respekt, etwa mit Drohgebärden, einem warnenden Biss in

den Rücken oder subtil durch Hochziehen der Augenbrauen. Verhalten sich die »gemaßregelten« Tiere unterwürfig, indem sie nervös grinsen oder sich ducken, kommt es zu keiner Konfrontation.

Duftmarken. Wild lebende Halbaffen, wie der hier gezeigte Katta, markieren ihr Revier mit Absonderungen aus Duftdrüsen an Kinn, Achsel, Unterarm und Schwanzansatz. So verraten sie den Artgenossen etwas über ihren Gesundheitszustand, Fruchtbarkeit oder Dominanz.

Gemeinsames Sorgerecht. Languren bilden Haremsgruppen aus einem Männchen und mehreren Weibchen (mit Kindern). Kennzeichnend für diese Affen ist, dass sie sich gemeinschaftlich um den Nachwuchs kümmern. Wenn mehrere erwachsene Tiere dicht beisammensitzen, wie hier gezeigt, sagt das viel über die Gruppe aus, verrät aber nicht, welches Weibchen die Mutter des Jungtiers ist.

Beim persönlich motivierten Zusammenschluss steht dagegen eher die Zufallsbegegnung im Vordergrund. Zunächst einmal müssen sich die Unternehmensführer, die einander zufällig begegnen, von ihrer Persönlichkeit her liegen. Dass der andere ein »attraktiver Heiratskandidat« ist, garantiert meist schon der Anlass der Begegnung. So begegnen sich zukünftige Partner so manches Mal im exklusivsten Club der Stadt, in den nicht jeder »Junggeselle« hineinkommt. Aber auch auf andere Weise kann der erste Kontakt erfolgen: im Urlaub am Strand, über die Kinder, über befreundete Lebenspartnerinnen. Später geben die Fusionspartner dann nur selten ehrlich Auskunft darüber, wie der Zusammenschluss tatsächlich zustande gekommen ist. Wird der Drink, mit dem alles angefangen hat, überhaupt erwähnt, dann folgt meist die Bemerkung: »Wir waren ohnehin schon lange auf der Suche nach einem geeigneten Partner.«

Ist das Eis erst einmal gebrochen, kommt es beim ersten Kontakt sehr darauf an, dass beide Seiten gut miteinander können und persönliches Interesse an einer Zusammenarbeit haben.

▶ Gerade bei persönlich motivierten Fusionen sind schon vor der »Hochzeit« »Ehekrisen« möglich.

Die Harmonie muss sich im weiteren Verlauf der Beziehung nicht unbedingt fortsetzen. Wie nach einer echten Hochzeit kann es auch nach einer persönlich motivierten Fusion zu Krisen kommen, bei denen beide »Ehepartner« ihre persönlichen Interessen verteidigen möchten und die Fronten sich verhärten. Kleine Details während der ersten »verliebten« Treffen verraten viel über die späteren Machtverhältnisse: Wer lädt wen zum zweiten Treffen ein, und wer bezahlt das gemeinsame Essen? Wo findet überhaupt die erste Sitzung statt? Wer übernimmt die Führung bei den »Hochzeitsvorbereitungen«? Welche externen Berater werden beauftragt? An der Zusammensetzung der neuen Unternehmensspitze zeigt sich dann, wie die ersten Rendezvous ausgegangen sind. Meist ist eines der beiden »Turteltäubchen« der große Gewinner, während sich der andere mit einer gigantischen Abfindung belohnt sieht.

▶ Haben sich zwei Fusionspartner gefunden, ist die aufwendige Zeit des gegenseitigen Umwerbens schnell vergessen.

Ist die Fusion endlich beschlossene Sache, folgt die Bekanntgabe der »Verlobung«. Seltsamerweise ist dabei kaum vom realen Geschäft die Rede (mit dem ja eigentlich das Geld verdient wird). Es fallen Schlagworte wie »Synergie« und »Effizienz«, aber konkretere Aussagen darüber werden sehr gerne auf die lange Bank geschoben mit den Worten: »Das kommt dann, wenn sich alles eingespielt hat.«

Von den Machtkämpfen, die nach der Bekanntgabe der Fusion beginnen, habe ich Ihnen ja schon erzählt…

Das regeln wir jetzt anders!

Unser soziales Leben funktioniert durch ein Zusammenspiel von Regeln und Gesetzen, von denen viele auch schriftlich fixiert sind. Auch in einem Unternehmen gibt es klare, schriftlich fixierte Regeln, etwa was die Arbeitszeiten anbelangt. Hinzu kommen die ungeschriebenen Gesetze: Wir können zum Beispiel gerne ein halbes Stündchen später anfangen, solange wir unsere Arbeit machen. Gleichzeitig wird erwartet, dass wir selbstverständlich viel länger arbeiten als vertraglich vorgesehen.

▶ Alle brauchen Regeln.

Affen kennen natürlich keine schriftlich fixierten Gesetze, wohl aber unausgesprochene Übereinkünfte, die ihren Umgang miteinander regeln, etwa wie sich ein untergeordnetes Tier einem höherrangigen nähern soll, wie die Fressordnung aussieht, wer bei wem sitzt oder wer als Erster den Schlafkäfig aufsuchen oder verlassen darf. Verstößt etwas oder jemand gegen diese Regeln, nehmen Aggression und Stress in der Gruppe zu: im Zoo beispielsweise, wenn neue Tiere dazukommen, wenn Außenstehende (die Tierpfleger) die Fütterungszeiten oder die Verteilung der Schlafkäfige ändern, oder auch, wenn das Gehege umgestaltet wird. Regeln bestimmen also bei Menschen und Affen die Umgangsnormen, die vielfach lokal oder gruppenspezifisch geprägt sind. Sie prägen und schaffen unser soziales Miteinander.

Wer beispielsweise neu in eine Firma kommt, hat viel zu lernen (und eine Menge davon steht nicht auf dem Papier), um die ganz eigene Firmenkultur zu verstehen: Wann geht wer mit wem essen? Duzt oder siezt man sich? Wie kleidet man sich? Sind Jeans erlaubt, oder erscheint man die ganze Woche im Anzug? Kann man einfach zu Kollegen ins Zimmer gehen, oder meldet man sich vorher telefonisch an? Ein Neuer muss sich all diese Regeln zu eigen machen und dafür einiges investieren.

Neue Regeln für uns zwei

Was passiert nun, wenn sich die Regeln ändern? Welche Auswirkungen hat das auf unser Verhalten? Gerade bei Fusionen oder Umstrukturierungen kann sich die Firmenkultur stark verändern.

▶ Nach einer Fusion gibt es neue Regeln für alle. Daran muss man sich erst gewöhnen.

Ein Beispiel: Zwei Abteilungen werden nach einer Fusion zusammengelegt. In Abteilung A trifft man sich üblicherweise um zehn zu einer Tasse Kaffee, in Abteilung B trinkt man den ganzen Vormittag über Kaffee, aber ohne sich eigens dafür zusammenzusetzen. Verschmelzen nun die beiden Abteilungen, kann es passieren, dass die Mitarbeiter zunächst kein Verständnis für die Traditionen der jeweils anderen aufbringen. Die A-Leute finden die B-Leute ungesellig und interpretieren den Umstand, dass sie nicht gemeinsam Kaffee trinken, als mangelndes Gruppengefühl und damit als schädlich für das Betriebsklima. Umgekehrt empfinden die Leute aus Abteilung B die anderen als Schmarotzer, die dem Chef seine Zeit stehlen.

Beide halten den eigenen Stil für den besseren, und der Prozess des Zusammenwachsens wird sich lange hinziehen. Führt der Chef dann zusätzlich neue Regeln ein, wird die Sache noch schwieriger, vor allem dann, wenn er die Kaffeepausen verbietet oder aber das »Socializen« bei einer Tasse Kaffee ausdrücklich fördert.

Ein anderes Beispiel: Nach einer Fusion wird ein Kollege in eine neue Abteilung versetzt. Er ist ein kumpelhafter Typ, der jeden tätschelt und umarmt, also ständig Körperkontakt sucht. In seiner alten Abteilung fand man das gut, da war man eine große Familie, in der solche Vertrautheit erlaubt war. Das Berühren eines Armes oder der Schulter hieß dort nicht »Ich will Sex«, sondern einfach nur »Wie kann ich dir helfen?« In der neuen Abteilung geht es eher förmlich zu, auch wenn die Kollegen nett sind. Man hält gebührenden Abstand voneinander, Körperkontakt gibt es nicht. Wenn unser Mann nun einem der neuen Kollegen den Arm um die Schulter legt, weicht der vermutlich sofort zurück. Ändert der Neue sein Verhalten nicht, kann er sich ernsthaften Ärger einhandeln. Solche Unterschiede lassen sich nicht nur zwischen den verschiedenen Abteilungen einer Firma, sondern auch zwischen verschiedenen Nationalitäten beobachten.

▶ Affen lieben ihre Regeln und führen ungern neue ein.

Und die Affen? Auch unsere tierischen Verwandten verstoßen nur sehr ungern gegen »altbewährte« Regeln ihres Zusammenlebens. Es wäre zum Beispiel undenkbar, dass ein rangniederer Schimpanse sich dem Anführer plötzlich nicht mehr mit Lippenschmatzen nähert, sondern mit einer ganz neuen Variante, etwa indem er die Haare sträubt. Er könnte damit sein Leben aufs Spiel setzen, denn der Anführer und die übrigen Gruppenmitglieder würden ihn nicht verstehen. Affen ändern ihre Regeln nur, wenn es für die Gruppe eindeutig von Vorteil ist oder wenn es eben gar nicht anders geht.

Bei Fusionen und Umstrukturierungen liegen die Dinge anders. Da wird erwartet, dass es schnell geht mit dem Zusammenwachsen und die neue Firmenkultur zügig verinnerlicht wird. Die Verantwortlichen stellen diesen Prozess oft als natürlich und selbstverständlich hin. Oder sie lassen verkünden, dass doch beide Kulturen nach der Fusion bzw. Umstrukturierung problemlos nebeneinander bestehen könnten. Was für ein Unsinn! Genauso gut könnte man deutschen Autofahrern erlauben, sich auf niederländischen Autobahnen nicht an das dort geltende Tempolimit von hundertzwanzig Stundenkilometern zu halten. Oder wir könnten im Englandurlaub einfach rechts fahren. Das Nebeneinander zweier Unternehmenskulturen in einer Firma führt nämlich zwangsläufig zu Kommunikations- und sozialen Problemen. Entsprechende Experimente scheiterten stets am Unverständnis der Mitarbeiter. Mit der Zeit gewinnt immer eines der beiden Unternehmen die Oberhand. Oft scheiden dann die Mitglieder der untergehenden zweiten Unternehmenskultur aus.

▶ Ein Blick auf die Affen gibt uns Recht: Menschenaffen sind nun mal Gewohnheitstiere.

Eine Veränderung der Firmenkultur gleicht der Veränderung einer Identität. Damit wird jedes Mal ein Lernprozess in Gang gesetzt. Das ist ganz bestimmt nicht leicht und braucht viel Zeit. Eine Patentlösung für dieses Problem wird es wohl nicht geben. Gemeinsame Survivaltrainings am Wochenende heben die »kulturellen« Unterschiede jedenfalls nicht mit einem Schlag auf.

Neue Regeln für euch alle

Manchmal will die Firmenleitung die »Kultur« des Unternehmens auch bewusst verändern, um dessen Außenwirkung zu verbessern, die Produktion zu steigern oder für mehr Kundenorientierung zu sorgen. Der amerikanische Soziologe Erving Goffman beschreibt in seinem Buch »Asyle« ein Extrembeispiel: Er berichtet, wie Individuen in unterschiedlichen Gemeinschaften völlig ihrer eigenen Werte und Normen beraubt werden. Man gliedert sie in ein System ein, dessen Regeln samt und sonders von anderen aufgestellt werden. Dem geht ein Prozess voraus, der »Mortifikation« genannt wird: Das

Individuum wird vollständig aus seiner eigenen Identität herausgelöst. Alles, was an sie erinnern könnte, wird ihm genommen. In den von Goffman untersuchten Institutionen wie Klöstern, Gefängnissen und Militäreinheiten hat man das für notwendig erachtet, um den Betroffenen neue Regeln zu vermitteln.

▶ Sie wollen die Firmenkultur modernisieren?
Planen Sie gut, sonst kann es für alle stressig werden.

Wenn in einem Unternehmen neue Regeln gelten sollen, setzt dort ein ähnlicher Prozess ein. Das würde die Firmenleitung natürlich niemals zugeben. Trotzdem: Eine andere Büroeinrichtung beispielsweise oder der Umzug in andere Räume oder gar in ein anderes Gebäude lassen die Erinnerungen an die alte Firmenkultur rasch verblassen. So wird es für das Management leichter, eine neue Firmenidentität einzuführen. Regeln, die alte Gewohnheiten von heute auf morgen verbieten, machen schließlich kurzen Prozess mit deren Überresten. Die symbolische Kindstötung, auf die ich später zu sprechen komme, ist ein Extrembeispiel dafür.

Doch die Nachteile dieses Vorgehens liegen auf der Hand: Zwingt man Menschen dazu, bestehende Regeln, Normen, Gewohnheiten und angelerntes Verhalten aufzugeben, reagieren viele mit Flucht oder Angriff. Solche Prozesse verursachen starken Stress und können letztlich zu einem erhöhten Krankenstand führen.

Eine ähnliche Situation finden wir (wieder mal) im Zoo: Hier sind die Affen mehr oder weniger gezwungen, nach fremden Regeln zu leben, nämlich nach denen des Zoos. Die Tierpfleger sind es, die ihren Rhythmus (Schlafen, Wachen) und ihre Fresszeiten bestimmen. Sie gestalten das Gehege und versuchen zu verhindern, dass es zu Kämpfen kommt. Heute weiß man, dass all diese Maßnahmen nicht zu rigide sein dürfen. Die natürlichen Bedürfnisse der Tiere müssen unbedingt berücksichtigt werden, damit Stress vermieden wird und sie gesund bleiben. Der Zoo stimmt seine Regeln also, so gut es geht, auf die der Affen ab. Dazu muss man ihr Verhalten genau kennen, und das erreicht man durch Beobachtung und Analyse.

▶ Eine Botschaft an alle Chefs: Wollen Sie die formellen und informellen Regeln im Unternehmen ändern, sollten Sie auf jeden Fall vorher das »natürliche« Verhalten Ihrer Mitarbeiter studieren.

Wenn die Firmenkultur ohne sorgfältige Vorbereitung von einem Tag auf den anderen geändert wird und Gewohnheiten rigoros unterbunden werden, entsteht Stress. Für die Mitarbeiter heißt das wieder einmal: kämpfen oder flüchten. Es ist, als müsste man mit dem Auto zur Hauptverkehrszeit durch ein völlig fremdes Land mit völlig fremden Verkehrsregeln fahren. Wer geriete da nicht unter Stress?

Wir bauen um!

Ein neuer Mitarbeiter, ein neuer Chef, eine neue Partnerfirma und neue Regeln. So viel Neues! Und trotzdem ist das immer noch nicht alles, was sich in unserer Welt zwischen Schreibtisch, Meeting und Kantine verändern kann.

Wo ist mein Schreibtisch?

Im Zuge einer Fusion oder Umstrukturierung sind Veränderungen am Arbeitsplatz naheliegend und manchmal unumgänglich. Mitarbeiter werden versetzt, die Firmenpolitik ändert sich, Standorte werden geschlossen oder verlegt. Dabei bleiben die Entscheidungen über Umfang und Art der Veränderungen der Unternehmensführung vorbehalten, obwohl sie weitreichende Auswirkungen auf die Belegschaft haben können.

▶ Gehen Sie behutsam vor, wenn Sie einen Arbeitsplatz verändern möchten.

Wird dagegen am »Arbeitsplatz« der Affen im Zoo etwas verändert, geschieht das mit der allergrößten Sorgfalt. Der Tierpfleger behält die Gruppe die ganze Zeit über genau im Auge, um negative Auswirkungen einer Veränderung sofort feststellen zu können. Schon bevor eine Affengruppe umzieht oder das Gehege neu gestaltet wird, führt er Beobachtungen und eine Bestandsaufnahme durch: Wie sehen Verhalten, Hierarchie, Gesundheit und die sozialen Beziehungen in der Gruppe aus? Bei Schimpansen etwa ist bereits vor der Verteilung der Schlafkäfige zu bedenken, welche Tiere man zusammenbringt und welche einander von ihren Käfigen aus sehen können. Weist man rivalisierenden männlichen Artgenossen denselben Käfig zu, sind verheerende Folgen möglich. Auch ein neues Spielzeug kann Konflikte in der Gruppe auslösen, weil es entweder als Bedrohung oder als Herausforderung erlebt wird. Ein neues Sitzbrett kann zum begehrten und damit umkämpften Platz werden. Auch hier lassen sich Streitigkeiten und Stress in der Gruppe nur durch genaue Beobachtung verhindern.

Wie anders geht dagegen so mancher Chef mit seinen Angestellten um! Veränderungen werden rigoros durchgeführt, der Einzelne hat dabei kaum noch was zu melden. Statt kleiner Büroräume gibt es plötzlich ein Großraumbüro, Raumaufteilungen werden verändert, oder Schreibtischfläche und Stauraum werden drastisch reduziert. Dem Chef ist wohl nicht klar, wie stark er damit in Status, Hierarchie und Wohlbefinden seiner Mitarbeiter eingreift. Ein Arbeitsplatz kann nämlich ein mühsam erkämpftes Privileg sein, an dem sein Inhaber hängt: Ein eigenes Zimmer etwa hat für viele etwas mit Status zu tun, unabhängig von ihrer tatsächlichen Position. Was empfindet wohl ein Arbeitnehmer, der vorher immer reichlich Platz hatte und nun Raum in Form von Quadratmetern, Schreibtischfläche oder Regalfächern abtreten muss? Er wird sich sicherlich missachtet fühlen, so als sei er plötzlich weniger wert. Es ist, wie wenn man einen Baum aus dem Affengehege entfernt: Das Alphatier verliert seinen Lieblingsplatz und muss sich einen neuen erkämpfen. Und das hat Folgen: Der Stress nimmt zu.

Wo ist meine Firma?

Die größte Veränderung bei einer Fusion oder Umstrukturierung ist ein Umzug. Für die Betroffenen hat er weitreichende und oft nicht direkt sichtbare Konsequenzen: Die Anfahrtswege ändern sich, man arbeitet in einer neuen Umgebung, eventuell sogar in einer anderen Stadt mit möglicherweise neuen Kollegen. Mit dem alten Gebäude, das man nicht mehr betritt, verlieren viele sogar ein Stück ihrer Identität.

Auch in der Natur ist ein Umzug nichts Normales. Tierarten sind stark an ihren Lebensraum gebunden, in dem sie die Nahrung und Bewegungsfreiheit finden, die sie brauchen. Nur ganz selten sehen sich wild lebende Affen zu Umzügen gezwungen, weil die Nahrung knapp wird oder andere Gruppen ihnen das Territorium streitig machen. Die meisten Tiere aber bleiben in ihrem ursprünglichen Habitat. Was passiert, wenn es ihnen genommen wird, wissen wir alle: Da sie nur begrenzt in der Lage sind, sich an eine neue Umgebung anzupassen, sind viele Arten vom Aussterben bedroht.

► Im Büro und in der Natur gilt das Gleiche: Jeder Umzug sorgt für Stress.

Genauso schwierig gestaltet sich der Umzug eines einzelnen Affen oder ganzer Affengruppen im Zoo. Vorab wird genau überprüft, ob die neue Anlage den Bedürfnissen der Tiere entspricht. Die Eigenschaften eines perfekten Affenhauses sind unterschiedlich und variieren je nach Art, aber auch nach Gruppe. In den letzten Jahren hat das Wissen auf diesem Gebiet enorm zugenommen. Mehr und mehr Zoos können daher die neuen Gehege entsprechend gestalten.

► Wir Menschen sind zum Glück etwas flexibler.

Da wir nicht mehr wegen der Nahrung an eine bestimmte Lebensumwelt gebunden sind, können wir natürlich leichter umziehen. Und doch binden uns Sozialkontakte, Familienbande und ein Dach über dem Kopf für längere Zeit an einen Ort und setzen einer ständigen Reiselust Grenzen. Deshalb sollte ein berufsbedingter Umzug – auch wenn er uns nicht unbedingt gegen die Natur geht – aufgrund einer (kollektiven) Notwendigkeit erfolgen: Ein Umzug, der nur deshalb stattfindet, weil der Chef das Firmenschild in einer anderen Stadt sehen möchte, wird nicht als Notwendigkeit empfunden.

Wenn nun einem Umzug keine Notwendigkeit zugrunde liegt und auch wenn nicht genug Zeit für eine Anpassung bleibt, führt das wieder einmal zu Stress. Krankheit und das Ausscheiden von Mitarbeitern können die Folge sein. Deshalb überlegt es sich jeder Mitarbeiter ganz genau, ob er mit seiner Firma mitziehen möchte. Für manch einen kann sich die Suche nach einer neuen Stelle durchaus lohnen. Nach dem Umzug gilt: Wie die Affen brauchen auch wir Menschen eine Eingewöhnungsphase. Nur so können wir den Stress umgehen, zahlreiche Veränderungen meistern und von Neuem unseren Platz in der Hierarchie und auch sonst finden.

Lass sofort mein Kind los!

Bei vielen Affenarten, wie etwa bei Pavianen, Berberaffen und grünen Meerkatzen, steigert ein Baby den Status der Mutter. Manchmal versuchen die anderen Weibchen deswegen sogar, das Kleine an sich zu bringen. Sie erhoffen sich dadurch mehr Ansehen in der Gruppe. Natürlich kommt es zum Streit um den Nachwuchs, und die Mutter kämpft mit allen Mitteln um ihr Kind.

▶ Auch die »Babys« der Mitarbeiter eines Unternehmens können von Veränderungen betroffen sein.

Tatsächlich spielen sich in einem Unternehmen vergleichbare Kämpfe ab, denn auch Arbeitnehmer haben ihre »Babys« in der Firma, die ihren Status mitbestimmen. Das können Gewohnheiten, Privilegien oder Statussymbole sein. Wer beispielsweise eine neue Software im Unternehmen einführen

Baby an Bord! Weibliche Bartaffen haben wenig Einfluss auf ihre Stellung in der Gruppenhierarchie, die im Wesentlichen von ihrer Abstammung bestimmt wird. Der Status der Mutter ist ausschlaggebend für den späteren Status der Tochter. Die einzige Möglichkeit, die eigene Position zeitweilig zu erhöhen, besteht darin, selbst Mutter zu werden. Ein Säugling sichert dem Weibchen erhöhte Aufmerksamkeit und Schutz seitens des dominanten Männchens. Bei Arbeitnehmern sind es ihre symbolischen Babys, die Ansehen verleihen. Droht ein Verlust, werden sie mit aller Kraft verteidigt.

möchte, trifft oft auf vehementen Widerstand. Viele möchten mit dem alten System weiterarbeiten oder es nicht aufgeben, weil sie es selbst entwickelt haben. Sie haben sich natürlich meist kein objektives Urteil über die Qualität des neuen Systems gebildet.

Ich kenne auch einen Fall, in dem drei kooperierende Firmen ein gemeinsames Automatisierungssystem nutzen wollten. Das Problem war nur, dass jede der Firmen ihr bisheriges System für das geeignetste hielt. Eine objektive Auswahl zu treffen, erwies sich also als ein Ding der Unmöglichkeit. Wie die Entscheidung auch gefallen wäre, zwei der Unternehmen hätten ihr »Baby« aufgeben müssen. Am Ende fiel die Wahl dann auch nicht auf Basis von Qualitätskriterien. Den »Sieg« trug die Firma davon, die ihr System am vehementesten verteidigt hatte.

▶ Jeder von uns braucht seine »symbolischen« Babys im Büro, zum Beispiel Spezialkenntnisse, technische Abläufe, gesetzliche Vorschriften oder einen eigenen Kundenstamm.

In der Firma halten wir an unseren »Babys« fest wie am echten Nachwuchs und verteidigen sie, nicht im Interesse der Firma, sondern in unserem eigenen. Sie bestimmen unseren Status. Wenn sie gefährdet sind, kommen wir und damit auch der Veränderungsprozess mächtig ins Stolpern.

Kein Chef sollte also seinem Mitarbeiter statt seines »Babys« eine »Puppe« zum Spielen geben, wenn er Veränderungen plant. Denn nicht einmal ein halbwegs aufmerksamer Bartaffe würde darauf hereinfallen, wenn ein Weibchen seiner Gruppe plötzlich einen Plüschaffen statt eines echten Affenkindes mit sich herumtrüge.

Ich könnte ihn umbringen!

Als die Kindstötung (Infantizid) bei Affen erstmals beschrieben wurde, war das ein Schock. Man war entsetzt, dass Tiere, die mit uns Menschen so eng verwandt sind, zu sol-

Bedrohliche Situation. Dieser Silberrücken aus dem Zoo von Apenheul sitzt friedlich Rücken an Rücken mit seinem Nachkommen. In der freien Wildbahn sind die erwachsenen Männchen jedoch die größte Bedrohung für die Jungtiere. Etwa 38 Prozent der jungen Berggorillas sterben nach Attacken durch nicht verwandte Gorillamännchen. Wird ein Silberrücken neuer Anführer einer Gruppe, tötet er als Erstes alle Babys. So kann er sicher sein, dass die Muttertiere bald wieder fruchtbar werden und mit ihm Nachkommen zeugen.

chen Gräueltaten imstande sind. Die Wissenschaftler standen zunächst vor einem Rätsel. Bald jedoch fanden sie eine Erklärung, einen biologischen Sinn, der sich hinter diesem Verhalten versteckte: Bei Gorillas und bei Mantelpavianen hat der Haremsführer das alleinige Recht auf Paarung. Logischerweise stammen also sämtliche Jungtiere in der Gruppe von ein und demselben Vater ab. Nach einem Machtwechsel liegt es im Interesse des neuen Gruppenchefs, möglichst schnell eigene Nachkommen zu zeugen. Denn in der Natur geht es nun mal vor allem um das Weitergeben der eigenen Gene. Da stillende Affenmütter aber nicht schwanger werden können, tötet der neue Anführer die Säuglinge in der Gruppe. So sind die betreffenden Weibchen bald wieder empfängnisbereit, und er kann mit ihnen Nachwuchs zeugen.

▶ Seien Sie auf der Hut! Auch im Büro gibt es Kindstötung.

Warum erzähle ich das? Ganz einfach: Kindstötung kommt auch – natürlich in weit milderer Form – im Unternehmen vor. Nach einem Wechsel der Firmenleitung hat nämlich der neue Boss das starke Bedürfnis, die Spuren des Vorgängers zu tilgen. Die »Kinder« des Ex-Chefs – ganz gleich, ob EDV-Systeme, Produkte, Marketingkampagnen, Funktionsbezeichnungen oder Abteilungsstrukturen – werden kurzerhand »abgemurkst«. Außerdem sollten es alle Angestellten tunlichst vermeiden, den ehemaligen Chef zu erwähnen oder gar zu betonen, dass unter ihm alles viel besser gelaufen sei. Wenn Veränderungen im Unternehmen anstehen, leiden also nicht nur die »Kinder« der Angestellten, sondern oft auch die des (Ex-)Anführers.

Alles neu macht der Chef

Sie haben es schon gelesen: Veränderungen können allen großen Stress bereiten. Und doch sind sie notwendig. Jedes Unternehmen muss, um zu überleben, auf Veränderungen in der Umwelt reagieren: Die Konkurrenz nimmt zu, Arbeitskräfte werden knapp, die Büromieten steigen, Mitarbeiter scheiden aus, Führungskräfte wechseln, Produkte verschwinden vom Markt.

Was also macht ein guter Chef, der wohl oder übel Veränderungen durchführen muss und die negativen Konsequenzen für die Betroffenen möglichst gering halten möchte? Er macht

sich vorher viele Gedanken über das »Wie?«, das »Wann?«
und das »Für wen?«.

Wie macht er alles neu?

Eine Veränderung macht nur Sinn, wenn sie von allen Seiten
mitgetragen wird. Leider wird daran viel zu selten gedacht:
Kommt ein neuer Kollege in die Abteilung, richtet sich alles
Augenmerk auf ihn, und bei einer Fusion steht die Firma im
Zentrum des Interesses, nicht die Mitarbeiter. Der Chef erwartet von seinen Mitarbeitern stets enorme Flexibilität, ohne
dass sie konkret etwas davon haben.

▶ Alle Beteiligten sollten an der Veränderung
   mitwirken können.

Ein gutes Alphatier sollte bei Veränderungen unbedingt darauf achten, dass alle, die davon betroffen sind, im Blickpunkt
bleiben! Denn Sie wissen ja: Alles andere führt nur zu Stress!

Wann macht er alles neu?

Auch ein guter Chef kann nicht immer steuern, wann eine
Veränderung durchgeführt wird. Allzu oft wird diese Entscheidung von äußeren Faktoren beeinflusst.

Ein guter Chef kann aber durchaus steuern, wie schnell
und häufig er seine Mitarbeiter mit Neuerungen belastet. Dabei sollte er Folgendes wissen: Sobald er bei seinen Mitarbeitern eine Veränderungen ankündigt, schnellt deren Stresspegel
nach oben. Die Hormonkonzentrationen verändern sich, das
Nervensystem des Körpers reagiert darauf. Dann sinkt der
Pegel langsam wieder ab. Sobald die Veränderung dann tatsächlich realisiert wird, kommt es zu einem erneuten Anstieg,
der so lange anhält, bis man sich an die Veränderung gewöhnt

hat. Der Pegel sinkt anschließend wieder auf ein normales Niveau ab, und alles ist gut. Bei rasch aufeinanderfolgenden Veränderungen jedoch kommt es zu mehreren Stressspitzen hintereinander. Es bleibt uns nicht mehr genug Zeit, um uns daran zu gewöhnen, und der Stresspegel geht zwischen den Spitzen nicht mehr ganz zurück. Der nächste Anstieg beginnt dann schon an einem höheren Punkt, und der Körper kann sich nicht mehr ausreichend regenerieren. Irgendwann stürzt unser innerer Stresscomputer ab. Der Pegel übersteigt ein Maximum, und der Körper befindet sich ab jetzt in ständiger Alarmbereitschaft. Wir schaffen es nicht mehr, zum Normalzustand zurückzukehren, sind überlastet und werden krank. Das oft beschriebene Burn-out hat uns erfasst.

▶ Sie sind Chef und planen Veränderungen? Schonen Sie den Stresscomputer Ihrer Mitarbeiter!

Dabei trägt jeder von uns einen anderen Stresscomputer in sich: Manche sind sehr belastbar und halten lange durch, andere kürzer. Da also die Grenze zur Überlastung und die benötigte Regenerationszeit von Mensch zu Mensch so unterschiedlich sind, lässt sich nicht allgemein sagen, wie groß die Intervalle zwischen den Veränderungen sein müssen, damit sie von allen gut gemeistert werden können. Zudem erzeugt eine Veränderung nicht bei jedem Betroffenen dasselbe Maß an Stress.

Für wen macht er alles neu?
Ein guter Chef, der etwas verändern möchte, muss seine Mitarbeiter kennen und sorgfältig mit den Betroffenen umgehen. Denn der maximal erträgliche Stresspegel variiert je nach Per-

son. Mitarbeiter, bei denen er besonders niedrig ist, können viel Unmut hervorrufen: Sie stellen sich schon bei der geringsten Veränderung quer oder werden krank.

▶ Ein guter Chef weiß: Auch ein schwaches Glied kann nützlich sein. Es zeigt mir sofort an, ob meine Mitarbeiter die Veränderungen verkraften können.

Gerade auf diese Mitarbeiter sollte der Boss besonders achten. Sie sind wahre Stress-Indikatoren und zeigen dem Chef sofort an, dass die Belegschaft mit einer Veränderung schlecht umgehen kann. Äußert so ein Mitarbeiter Stress, kann der Chef entscheiden, was er tut: Zum einen kann er das schwächste Glied von der Mitarbeiterkette abtrennen. So geschieht es auch in der Natur: Muss eine Affengruppe wegen Nahrungsknappheit abwandern, kommt es durchaus vor, dass einzelne Individuen zurückbleiben müssen. Das Gruppeninteresse geht vor.

Auf der anderen Seite könnte der Chef bedenken, dass auch die abwandernde »Affengruppe« nicht zu viele »Tiere« verlieren darf. Sie werden sonst zu leicht angreifbar! Man könnte also auch das schwächste Glied vorübergehend verstärken, statt es abzutrennen. Anschließend sollte man die weitere Entwicklung genau beobachten. Jede zusätzliche Verformung kann darauf hinweisen, dass die Kette demnächst bricht.

6 So ein Stress!

Beruflicher Stress nimmt immer mehr zu. Arbeitgeber klagen über Krankheitsausfälle, Arbeitnehmer über hohen Arbeitsdruck. Hören Sie sich unter Ihren Freunden um: Irgendjemand macht immer Überstunden, fühlt sich hoffnungslos überfordert oder ist oft krank.

Auch bei den Affen ist das Leben in Gruppen zwangsläufig mit Stress verbunden. Ich erinnere mich an eine Makakengruppe, deren Dasein völlig von Stress beherrscht war. Er entstand durch Rangkämpfe, Veränderungen innerhalb der Gruppe und außerhalb des Geheges. Am Ende forderte der Stress sogar Opfer: Tiere erkrankten oder mussten die Gruppe verlassen.

Was ist Stress eigentlich?

Die Wissenschaft meint mit »Stress« ein hervorragendes Schutz- und Signalsystem, das uns die Natur mitgegeben hat. Dieser natürliche Stress hilft uns, einer Gefahr rechtzeitig auszuweichen oder sie abzuwenden. Wir flüchten oder kämpfen.

Doch wie wird unser natürlicher Stresscomputer überhaupt in Gang gesetzt? Den Input liefern die Sinnesorgane: das Geräusch eines nahenden Angreifers, Brandgeruch, der Schmerz einer Ohrfeige oder eine gefährliche Verkehrssituation, die wir auf uns zukommen sehen. Diese Signale drücken den Startknopf, und der Stresscomputer, unser Gehirn, fährt hoch: Er sendet Signale in Form von Hormonen und Nervenimpulsen, die uns dann in Bewegung versetzen. Wer kennt das nicht? Bei Stress schlägt das Herz schneller. Denn so kann das Blut rascher durch die Adern gepumpt werden. Die Muskeln erhalten mehr Energie und Sauerstoff. Sie sind besser durchblutet, und wir können rascher flüchten oder härter zuschlagen. Auch unsere Denkzentrale, das Gehirn, wird stärker durchblutet, sodass wir schneller denken können. Dagegen wird die Blutzufuhr zu Darm und Haut gedrosselt. Unsere Verdauung macht erst mal Pause, und wir werden blass.

▶ Natürlicher Stress ist lebensnotwendig.
Jetzt heißt es kämpfen oder flüchten.

Natürlicher Stress macht uns schneller, stärker und sensitiver. Unter Stress atmen wir schneller. So können wir mehr Sauerstoff aufnehmen, sind körperlich leistungsfähiger und können zum Beispiel besser laufen. Hält dieser Atemrhythmus allerdings zu lange an, ohne dass wir tatsächlich losrennen, beginnen wir zu hyperventilieren.

Hinzu kommen natürlich auch psychische Reaktionen: Das können Angst- oder Panikattacken sein, oder wir werden aggressiv und reizbar.

Im gängigen Sprachgebrauch verstehen wir unter Stress aber nicht die Reaktion auf eine große Gefahr, die uns dazu bringt, auf der Stelle die Fäuste zu schwingen oder die Beine in die Hand zu nehmen. Denn diese natürliche Stressreaktion ist meist kurz und sofort beendet, sobald wir entsprechend reagiert haben. Ein Beispiel aus der Affenwelt: Erhalten männliche Affen Stress-Signale, greifen sie eher ihren Rivalen an, bevor sie selbst am Stress zugrunde gehen. Der natürliche Stresscomputer funktioniert tadellos: Ein Stress-Signal führt zum Kampf und zum Sieg. Die Positionen sind neu definiert, und der Stress ist beendet.

Für uns im Alltag bedeutet Stress etwas anderes: Es heißt, dass unser Stresscomputer durchdreht und bei jeder passenden und unpassenden Gelegenheit Signale aussendet. Meist werden Signale auch falsch interpretiert, und wir empfinden Stress in Situationen, die eigentlich gar nicht so stressig sind. Hinzu kommt, dass unser Gehirn so viele Signale aussendet, dass der Körper nicht wieder in seinen normalen (sicheren) Zustand zurückkehren kann. Dies kann zu einer Reihe physischer und psychischer Probleme führen, die sich nicht mehr so einfach durch Kampf oder Flucht beheben lassen.

Wie wird Stress ausgelöst?

Die eigene Gruppe ist schuld
Stress kann im Wesentlichen durch interne oder externe Faktoren verursacht werden.

▶ Wenn mehrere Menschen aufeinandertreffen, ist Stress oft vorprogrammiert.

Beginnen wir mit den internen Ursachen: Das sind Ursachen, die aus der eigenen sozialen Gruppe kommen. Es handelt sich um gestörte zwischenmenschliche Beziehungen oder soziale Interaktionen. Dazu gehören Konflikte unter Kollegen, Streitereien mit dem Vorgesetzten und Situationen, die sich aus dem Kampf um die Hierarchie ergeben.

Ein Beispiel aus der Welt der Affen, die den intern verursachten Stress auch sehr gut kennen: Mehrere Männchen kämpfen in der Gruppe um die Führung. Dabei kann der Stresspegel so weit steigen, dass es zu Krankheits- und Todesfällen kommt. Vor allem in Gefangenschaft, wo subdominante Männchen einander nicht aus dem Weg gehen können, verursacht eine solche Situation extremen Stress. Der Kampf um die Führungsposition zieht nicht nur die unmittelbar Beteiligten in Mitleidenschaft, sondern auch alle anderen Gruppenmitglieder, weil Bündnisse auf die Probe gestellt werden. Die Streithähne werben um Unterstützung. Wird sie gewährt, kann es sein, dass der Gegner sich dafür rächt. Trotzdem muss jedes Tier in der Gruppe Partei ergreifen, denn es weiß nie, wer der Sieger des Machtkampfes sein wird.

Auch viele Menschen in den Dreißigern sind »overstressed« und leiden vor allem an intern verursachtem Stress. Ob man es nun Burn-out, Depression oder Überlastung nennt, die Grundursache liegt immer im anstrengenden Kampf um die Hierarchie.

Zwischen 30 und 40 ist man auf der Höhe seiner Schaffenskraft, die Ausbildung ist abgeschlossen, und man konnte schon einige Jahre berufliche Erfahrung sammeln. Jetzt beginnt der Kampf um die Macht (manch einer nennt das auch Karrieredrang). Die Gruppe der Young Professionals in den Dreißigern hat Potenzial, und das weiß auch der Chef, der sie deshalb mit höchsten Anforderungen und Erwartungen konfrontiert. Die Wahrscheinlichkeit, zum Stressopfer zu werden, ist daher in dieser Gruppe besonders hoch. Und wieder bleiben nur zwei Lösungen: kämpfen oder flüchten.

Etwas anderes ist schuld

Und was sind externe Stressursachen? Das sind Faktoren, die nicht aus der Gruppe selbst, sondern von außen, von einer drittem Partei kommen und so Stress auslösen. Im Büro gehören dazu zum Beispiel der Arbeitsdruck, die externe Konkurrenz, ein Wechsel im Management oder das erzwungene Aufgeben von Gewohnheiten. Es handelt sich also meist um Veränderungen, die dem Mitarbeiter quasi übergestülpt werden. Dabei hängt es, wie schon gesagt, von jedem Einzelnen ab, wie viele externe Faktoren er ertragen kann, bis sein ganz persönlicher Stresscomputer hochfährt. Zudem spielen Dauer und Häufigkeit der Veränderungen eine Rolle.

▶ Stress kann uns auch von außen auferlegt werden.

Auch die Affen können extern verursachten Stress erleben: In einer von mir beobachteten Makakengruppe zum Beispiel nahm der Stress zu, als einige engagierte Studenten (zu denen auch ich gehörte) täglich vor ihrem Gehege Aufstellung nahmen, denn sie störten den gewohnten Rhythmus.

Übrigens wird der krank machende Stress gerade bei Tieren vor allem durch externe Faktoren ausgelöst, während der menschliche Stress eher bei internen Auslösern eskaliert.

Wie erkennt man, dass jemand Stress hat?

Wie verhalten Sie sich, wenn Sie Stress haben? Also, ich reagiere auf zunehmenden Arbeitsdruck zum Beispiel mit großer Unruhe. Außerdem bekomme ich schlechte Laune und Verdauungsbeschwerden. Hinzu kommen bestimmt auch Veränderungen, die mir selbst gar nicht auffallen, die von meiner Umgebung aber sehr wohl wahrgenommen werden.

▶ Dauerhafter Stress verändert Körper und Psyche.

Es ist leider so: Stress führt zu Gesundheitsproblemen und Verhaltensänderungen. Das kann sogar so weit gehen, dass sich Menschen oder auch Affen bei Stress völlig verändern. Bei einem Experiment, das in der Schimpansenkolonie im Zoo von Arnheim durchgeführt wurde, konnte man es beobachten: Die Tiere wurden, als sie eines Morgens aus den Schlafkäfigen ins Freie liefen, mit einem ausgestopften Löwen am Rand ihres Geheges konfrontiert. Wider Erwarten blieb der Anführer hinter der Gruppe stehen und kroch in einen Baum, ohne irgendetwas zu unternehmen. Andere Affen wandten sich dagegen dem Löwen zu und verfielen in Imponiergehabe. Sie sehen es selbst: Ein Anführer kann unter Stress zum Angsthasen werden, ein Arbeitnehmer ohne große Ambitionen zur tragenden Säule der Firma.

▶ In jeder Firma gibt es bestimmte Stress-Indikatoren. Achten Sie darauf.

Ein guter Verhaltensforscher registriert den Stress in einer Affengruppe sofort: Es nimmt wahr, dass sich die Tiere vermehrt lausen und der Lärmpegel steigt. Konflikte nehmen zu, wobei sich neue Koalitionen bilden und einzelne Tiere sich zurückziehen oder ihr Verhalten individuell ändern. Auch ein Chef kann ein guter Verhaltensforscher werden und Anzeichen von Stress bei seinen »Affen« erkennen. Was kann er beobachten? Vielleicht nimmt er wahr, dass mehr gestritten und zugleich intensiver kommuniziert wird. Ziehen sich Kollegen zurück oder werden sie aggressiv, und häufen sich Krankmeldungen und Kündigungen? Geht vielleicht sogar die Produktion zurück, weil die Zusammenarbeit stagniert? Oft gehören wir leider selbst zur betroffenen Gruppe und bekommen den Stress am eigenen Leib zu spüren. Was dann? Dann sollten wir versuchen, auf Abstand zu gehen und das Gruppenverhalten quasi von außen in den Blick zu nehmen. Nur so können wir Zeichen von Stress erkennen und deuten.

Welche Konsequenzen zieht man bei Stress?

Wie die Affen reagieren auch Menschen bei lang anhaltendem Stress mit Kampf oder Flucht. Dabei entscheiden persönliche Veranlagung und Zusammensetzung der Gruppe, in der man sich befindet, welche der beiden Konsequenzen man zieht.

In den vergangenen Jahren hatte ich mehrmals Gelegenheit, genau diese Reaktionen bei unter Stress stehenden Arbeitnehmern zu beobachten: In einem Unternehmen wurden zum Beispiel Entlassungen für den Fall angekündigt, dass sich die Arbeitsergebnisse nicht verbessern würden. Der Druck auf die Abteilung wurde so stark erhöht, dass zwischen manchen Kollegen Bündnisse bis hin zu Freundschaften entstanden. Es wurde heftig kommuniziert, »gelaust« und »Nahrung geteilt«, um den Zusammenhalt zu stärken. Und, ob Sie es glauben oder nicht: Schließlich wurde sogar der Führungskraft, von der die Gefahr ausging, gewissermaßen mit der Faust gedroht. Leider zogen die Mitarbeiter am Ende trotzdem den Kürzeren: Die meisten gingen freiwillig.

In einem anderen Unternehmen konnte ich beobachten,

dass man mit dem Kampf auch Erfolg haben kann: Die Mitarbeiter sollten einen Auftrag ausführen, was jedoch innerhalb der gesetzten Frist völlig unmöglich war. Schnell nahmen die Spannungen zu, und es gab Streit. Fieberhaft suchte man nach einem Sündenbock. Die Zusammenarbeit kam komplett zum Erliegen, denn jeder war nur noch mit sich selbst beschäftigt. So konnte der Auftrag nicht abgeschlossen werden, der Sündenbock wurde außerhalb der Abteilung gefunden. Am Ende dieser Geschichte flüchtete niemand, denn alle waren glücklich und zufrieden.

▶ Zu viel Stress? Auf in den Kampf oder nix wie weg!

Und was ist mit der Flucht? In den meisten Unternehmen herrscht eine gewisse Fluktuation. Mitarbeiter kündigen, um ihr Glück woanders zu versuchen und sich weiterzuentwickeln, Neulinge verlassen die Firma nach kurzer Zeit wieder, weil der Wechsel nicht ihren Erwartungen entspricht. Wieder andere reichen ihre Kündigung ein ohne Aussicht auf eine Karriere anderswo oder andere triftige Gründe (Kinderbetreuung, Umzug oder dergleichen). Ihre Zahl ist meist sehr begrenzt, denn ein Stellenwechsel verlangt, dass man viel investiert. Bewerbungen, das Sichern einer sozialen Position in der neuen Firma, die Bildung neuer Koalitionen: All das verbraucht viel Energie.

Auch wild lebende Affen fliehen bzw. verlassen ihre Gruppe nur selten (mit Ausnahme jener, die – je nach Art – abwandern, um Inzucht zu vermeiden). Ein Tier, das in seiner Gruppe bleibt, muss weniger in die Wahrung seines Status investieren, als es das in einer neuen Gruppe tun müsste. Bei uns Menschen dürfte es sich nicht viel anders verhalten. Nur wenn der Stress in der Affengruppe oder im Unternehmen so groß und anhaltend ist, dass er uns die Energie raubt, wird für uns Menschenaffen die Fluchtreaktion attraktiv. Nur dann verlassen wir die Gruppe und stecken dasselbe Maß an Ausdauer lieber in eine neue soziale Umgebung.

▶ Ein Mitarbeiter verlässt die Firma ohne ersichtlichen Grund? Führen Sie ein konstruktives Abschlussgespräch! Es könnte sich um eine Flucht handeln.

Das sollten Führungskräfte wissen! Denn wenn viele Mitarbeiter ihre Stelle aufgeben, ohne dass ein Karrieresprung damit verbunden wäre, ist das ein klarer Indikator dafür, dass in der Firma etwas ganz und gar nicht stimmt.

Kann man sich versöhnen, ohne Stress zu haben?

Jeder von uns kennt das: ein nerviger Kollege, Meinungsverschiedenheit während der Arbeitsbesprechung, ein Streit mit einem Kollegen, der überall seinen Kram herumliegen lässt, oder eine Abmahnung vom Chef. Große oder kleine Konflikte am Arbeitsplatz können auch den friedliebendsten Menschen so auf die Palme bringen, dass er seine Wut kaum noch unterdrücken kann.

Auch in einer Affengruppe gibt es zahllose Konfliktanlässe, und je nach Zusammensetzung der Gruppe (Alter, Geschlecht, Verwandtschaftsbeziehungen, Fertigkeiten und körperliche Eigenschaften der Individuen) können Heftigkeit und Dauer der Konflikte variieren. Besonders bei Affen in Gefangenschaft eskalieren Auseinandersetzungen zwangsläufig, weil Rückzugsmöglichkeiten fehlen. Kein Wunder, denn sowohl im

Zoo als auch im Büro sind wir Menschenaffen mit vielen anderen »in einem Käfig zusammengesperrt«. Dabei kann man immer wieder auf Mitmenschen treffen, die man einfach nicht ausstehen kann. Je nach Persönlichkeit, unterschiedlichen Interessen und sozialer Umgebung kann der Konflikt dann eskalieren, und es entsteht Stress.

Wollen wir uns wieder vertragen?

▶ Jeder Streit verursacht Stress. Am besten, man versöhnt sich wieder!

Mit Konflikten am Arbeitsplatz und dem entsprechenden Stress kann man auf unterschiedliche Weise umgehen: Die beste Möglichkeit für beide Parteien ist natürlich die Versöhnung. Das wissen auch die Affen: Frans de Waal beschreibt in seinem Buch *Wilde Diplomaten. Versöhnung und Entspannungspolitik bei Affen und Menschen* mit welch meisterhaften Taktiken Schimpansen Streitigkeiten beilegen und sich versöhnen: Sie küssen und lausen sich, präsentieren ihr Hinterteil oder berühren sich kurz im Vorbeigehen. Das kann sich über Stunden hinziehen, besonders wenn ausgiebiges Kuscheln angesagt ist. Und bei den Bonobos paart man sich auch noch (unabhängig vom Geschlecht), wenn alles andere nicht genügt. Durch den intensiven Körperkontakt wird Stress abgebaut. Der Konflikt wird aktiv beendet, es kehrt wieder Ruhe ein, und die Gegner können ohne negative Gefühle weiterleben.

Auch wir kennen vergleichbare Formen der Konfliktbeilegung. Oft versuchen wir eine Versöhnung, indem wir uns entschuldigen und uns die Hand geben. Doch leider schlägt diese Art der Konfliktlösung allzu häufig fehl. In einem Unternehmen konnte ich das einmal live miterleben: Ein Streit zwischen zwei Kollegen lief damals völlig aus dem Ruder. Und das ist noch milde ausgedrückt. Tatsächlich ging es so weit, dass sich einer der beiden in ärztliche Behandlung begeben musste. Am nächsten Tag fand der Chef, dass es höchste Zeit für eine Versöhnung sei. Er nahm die Streithähne ins Gebet und forderte sie auf, sich die Hand zu geben. Und was passierte? Nach dieser erzwungenen Versöhnung konnte ein erneutes Handgemenge nur dadurch verhindert werden, dass man die Kontrahenten »mit Gewalt« voneinander fernhielt. Es ist wie früher in der Grundschule: Hatte man sich mit einem Klassenkameraden gestritten, musste man ihm auf Geheiß des Lehrers die Hand geben und »Entschuldigung« sagen, was oft nur als unverständliches Gemurmel herauskam.

▶ Eine Entschuldigung sollte auch wirklich eine sein! Ein Händedruck allein genügt meist nicht.

Eine Versöhnung, die nicht von beiden Seiten so gemeint ist, kann den Stress nur noch erhöhen. Wenn wir uns nur zum Schein dem gegnerischen Interesse unterordnen und uns geschlagen geben, schwelt der Konflikt unter der Oberfläche weiter. Ungute Gefühle dem anderen gegenüber belasten die Beziehung zu ihm noch jahrelang. Wir können uns erneute Seitenhiebe nicht verkneifen, oder wir flüchten (wir igeln uns ein oder melden uns krank). Natürlich entwickelt man dann auch Rachegefühle. Man beginnt, dem Konfliktpartner Steine in den Weg zu legen, oder macht ihn bei den Kollegen schlecht. Die Faust kommt nicht direkt zum Einsatz, aber indirekt wird kräftig ausgeteilt. Jeder von uns kennt diese hinterhältige Taktik, oder etwa nicht?

War da was?

Viele von uns sind konfliktscheu. Deshalb versöhnen sich einige von uns auch nicht explizit, sondern legen einen Konflikt lieber implizit bei: Sie tun einfach so, als wäre nichts gewesen.

Ich habe das selbst beobachtet: In einem Unternehmen entbrannte zwischen zwei Kollegen ein lautstarker Streit. Inhalt des Konflikts war die Art des Umgangs miteinander. Am Ende des Wortgefechts gingen die beiden Streithähne im Zorn auseinander. Mit anderen Zeugen des Vorfalls spekulierte ich über die Folgen des Streits. Würde sich einer der beiden krankmelden? Würde der Chef eingreifen? Es kam alles ganz anders: Am nächsten Tag erschienen die Kontrahenten wieder im Büro und verloren kein Wort mehr über die Auseinandersetzung. Es schien fast so, als wären sie sturzbetrunken gewesen und hätten alles vergessen.

▶ Manche Menschen scheuen die direkte Versöhnung. Sie »lausen« zur Versöhnung lieber eine dritte Person.

Neben dem nach außen getragenen Vergessen versuchen wir außerdem, uns über einen Umweg wieder anzunähern. Unser Verhältnis normalisiert sich nach und nach, nur der Auslöser des Konflikts wird fortan ängstlich gemieden. Sie wissen es schon: Ähnliches ist auch bei Affen zu beobachten: Nach einer Auseinandersetzung zwischen zwei Tieren kann es vorkommen, dass sie wie zufällig gemeinsam einen dritten Artgenossen lausen. Dabei rücken sie einander Stück für Stück näher, bis sie sich am Ende gegenseitig lausen.

Das löst die Firma!

In vielen Unternehmen gibt es ein offizielles Konfliktmanagement. Hier ist es tabu, einen Konflikt offen auszutragen, zu streiten oder Emotionen hochkochen zu lassen. So etwas gehört sich in einer Firma einfach nicht! Das Konfliktmanagement sieht stattdessen vor, die Form zu wahren, auszuweichen, weiterzuargumentieren oder das Problem auf eine andere hierarchische Ebene zu verlagern. Denn Lösungen müssen her, und öffentliche Zusammenstöße sollen tunlichst vermieden werden. Die Beteiligten verharren also in einer von oben angeordneten Art von Waffenstillstand.

Ich erlebe immer wieder Meinungsverschiedenheiten zwischen Sitzungsteilnehmern. Ihre Stimmlage verrät dabei meist ganz deutlich ihre Erregung. Im Protokoll steht später gar nichts davon. Es wird weder erwähnt, dass jemand laut wurde, noch dass anderweitig Emotionen gezeigt wurden.

▶ Im Büro muss es ja nicht gleich Mord und Totschlag geben. Aber ab und zu darf es ruhig hart auf hart gehen.

Was macht diese Technik des Konfliktmanagements mit uns? Ganz einfach: Unser Stresscomputer reagiert zwar auf den Konflikt, aber sein Programm bleibt auf halbem Weg stecken. Wenn wir drauf und dran sind, zu einem (tätlichen) Angriff überzugehen, melden sich Sitte und Anstand zu Wort, oder wir denken an unsere Karrierechancen und lenken ein. Wir können natürlich auch flüchten und das Problem einem anderen zuschieben, während wir nett und freundlich bleiben.

Kurz und gut: Wir unterdrücken unsere natürliche Reaktion. Denn ginge es danach, müssten wir kräftig vom Leder ziehen, und auch möglichst laut, damit es jeder hört. Oder wir würden in Tränen ausbrechen, dem einst so geschätzten Kollegen ein »Rutsch mir den Buckel runter!« zurufen und den Sitzungsraum verlassen. Das haben wir mit unseren nächsten Verwandten gemein, die kein »offizielles Konfliktmanagement« haben. Bei einem aggressiven Konflikt senden sie meist kurze Drohgebärden voraus: ein Hochziehen der Augenbrauen, ein starrer Blick, ein Gähnen. Wenn das nichts hilft, geht es auch schon los: Der Stresscomputer sendet das Signal »Kampf oder Flucht«, und der Konflikt wird voll ausgetragen.

Im Unternehmen sollte unsere nahe Verwandtschaft zu den Affen toleriert werden! Denn das Unterdrücken oder das künstliche Beenden von Konflikten zerstört auf lange Sicht nur unsere natürlichen Mechanismen des Umgangs mit Stress.

7 Sinnlichkeit

Jede soziale Gruppe funktioniert nur durch Kommunikation: Während meines Studiums beobachtete ich Honigbienen. Ich sah eine Arbeiterin den traditionellen Bienentanz aufführen. Dieser Tanz ist Kommunikation in seiner schönsten Form! So »erzählte« das Insekt, das gerade mit einer Ladung Blütenstaub zum Stock zurückgekehrt war, den anderen Bienen, wo sie den guten »Nektar« gefunden hatte. Jetzt mussten die anderen Arbeiterinnen nicht selbst die besten Blumen suchen, sondern konnten sich direkt zur empfohlenen Quelle begeben.

▶ Kommunikation ist alles.

Auch am Arbeitsplatz funktioniert das Gruppenleben nur durch Kommunikation: Meetings, Telefonate, Mails, Besprechungen oder Plaudereien. Und es gibt noch so viel mehr Möglichkeiten, sich mitzuteilen.

Was ist Kommunikation?

Das bedeutet Kommunikation: Ein Sender schickt ein Signal an einen Empfänger aus, der dieses Signal verarbeitet und darauf reagiert. Der Sender ist dabei derjenige, der etwas loswerden oder erreichen will: eine Frau zum Beispiel, die in den Bus einsteigt und – bewusst oder unbewusst – die Aufmerksamkeit auf sich zieht, um einen Sitzplatz angeboten zu bekommen.

▶ Zur vollständigen Kommunikation gehören:
Sender, Signal, Empfänger und Reaktion.

Das Signal enthält die Botschaft, die eine Reaktion beim Empfänger auslösen soll. Das wäre in unserem Beispiel der Satz: »Entschuldigen Sie, junger Mann, ich würde mich gerne setzen.« Art und Intensität des Signals können variieren. Der Empfänger schließlich nimmt das Signal dann auf und reagiert entsprechend. Dabei muss der Empfänger nicht unbedingt derjenige sein, an den das Signal eigentlich gesendet wurde. Es könnte also der junge Mann im Bus den Platz räumen, den die Frau angesprochen hat, oder auch eine andere Person, die das Signal ebenso empfangen hat.

▶ Ohne Reaktion keine Kommunikation!

Ein trauriges, aber sehr markantes Beispiel für die zentrale Bedeutung des Empfängers bietet eine taube Schimpansin, die ihr Junges nicht aufziehen konnte. Das Kleine (Sender) schrie vor Hunger (Signal), aber die Mutter (die anvisierte Empfängerin) konnte das Signal nicht hören und reagierte nicht darauf. Einmal setzte sie sich sogar auf das Junge, das sich da-

131

bei fast die Lunge aus dem Leib schrie. Auch hier reagierte sie nicht, weil sie das Signal schlichtweg nicht empfangen konnte. Kommunikation gelingt also nur, wenn das Signal nicht nur ausgesendet, sondern auch empfangen und darauf reagiert wird. Die Reaktion ist dabei eine Veränderung im Verhalten des Empfängers oder das Aussenden eines eigenen Signals durch ihn. Wenn ich vor dem Fernseher sitze, meine Frau mir etwas erzählt und ich nicht darauf reagiere, findet damit noch keine Kommunikation statt. Dies geschieht erst, wenn meine Frau mich fragt:»Sag mal, hörst du mir überhaupt zu?«, und ich eine zerstreute Antwort gebe. Und – wenn ich ganz ehrlich bin – haben dann nicht die Worte selbst meine Reaktion ausgelöst, sondern der Tonfall. Die Reaktion kann also anders ausfallen, als vom Sender erwartet, und sie kann unbewusst (zum Beispiel durch Erröten) erfolgen.

Warum sagst du jetzt nichts?

Eine der menschlichen Kommunikationsformen ist in ihrer Komplexität einzigartig: die Sprache. Zu dieser verbalen Kommunikation gehört nicht nur das, was wir sagen, sondern auch das, was wir aufschreiben oder lesen, also alle Signale, die mithilfe der Sprache gesendet und empfangen werden. Die verbale Information hat zwei große Vorteile: Zum einen können wir komplizierte Sachverhalte mitteilen, zum Beispiel, wie man einen Kuchen backt, ohne dass wir es vormachen müssten. Wir können mittels der Sprache sogar erklären, wie ein Computerprogramm funktioniert, oder darüber informieren, was es Neues im Elektrogroßhandel gibt. Zum anderen hilft uns die Sprache, unabhängig von Zeit und Ort zu kommunizieren. Beispielsweise lesen wir Bücher, die in früheren Jahrhunderten geschrieben wurden. Oder wir können Briefe und E-Mails ans andere Ende der Welt schicken.

Spannende Unterhaltung. Ein Gespräch zwischen mehreren Personen verrät so einiges über ihre zwischenmenschliche Situation. Diese Berberaffen erzählen sich zwar keine Geschichten, und trotzdem haben sie sich einiges zu sagen, und zwar nonverbal. Sie informieren den Beobachter über Unterwürfigkeit, Annäherungsversuche und Dominanz.

Tieren sind diese komplexen Kommunikationsformen verschlossen. Sie kommunizieren nonverbal. Auch wir kennen diese »sprachlose« Kommunikationsform und senden Signale über Körpersprache, Kleidung oder den Klang unserer Stimme. Übrigens läuft gerade die menschliche Kommunikation hauptsächlich nonverbal ab. Die nichtsprachliche Kommunikation spielt in sozialen Prozessen eine zentrale Rolle.

▶ Kommunikation ist Sprache, aber nicht nur ...

Nonverbale Kommunikation kann bewusst, also beabsichtigt, oder auch unbewusst stattfinden. Ein Beispiel aus dem Büroalltag für ganz bewusst nonverbale Kommunikation:

133

»Geh nie mit leeren Händen über den Flur, sondern sieh zu, dass du immer einen Ordner unterm Arm hast.« Wie ich festgestellt habe, wird diese »goldene Regel« in sehr vielen Unternehmen beherzigt. Ohne sprachliche Mittel senden wir ein Signal:»Sieh her, ich bin fleißig, auch, wenn ich mein Büro verlasse.«
Ab einer bestimmten hierarchischen Ebene wird dann natürlich wieder ganz anders nonverbal und bewusst kommuniziert: Der Chef trägt keine Papiere als Alibi mit sich herum, wenn er einer Abteilung einen Besuch abstattet. Aber dafür empfinden wir es zum Beispiel als ganz normal, dass er den Angestellten auf die Schulter klopft, wenn er ein Lob ausspricht, und nicht umgekehrt.

▶ Gefühle vermitteln wir zum größten Teil durch nichtsprachliche Kommunikation.

Schon Darwin beschrieb, dass Tiere und Menschen ihre Emotionen über nonverbale Kommunikationsformen, also unter anderem über die Körpersprache, an ihr Umfeld übermitteln. Es handelt sich also um Kommunikation auf der Beziehungsebene. Darwin beobachtete die nonverbale Kommunikation bei Katzen (Aggression, Abwehr), Hunden (Unterwürfigkeit), Affen und beim Menschen und verglich dann die Arten miteinander. Einen großen Teil unserer Gefühle teilen wir unbewusst über körperliche Signale (Mienenspiel, Körpersprache) mit. Nicht umsonst winden sich nicht wenige von uns auf dem Stuhl, wenn sie ein schwieriges Gespräch mit dem Chef führen – ohne sich dessen bewusst zu sein. Auch bei einem Gespräch zwischen zwei Kollegen kann man ganz deutlich die visuellen Signale wahrnehmen, die sie sich (unbewusst) gegenseitig senden. Sie schauen sich an oder weichen dem Blick des anderen aus, sie verschränken die Arme oder ziehen die Augenbrauen hoch. All das verrät uns etwas über Atmosphäre, Verlauf und Ausgang des Gesprächs, auch ohne dass wir hören, was gesprochen wird.

In Seminaren lernt man übrigens, diese unbewussten nonverbalen Signale in bewusste umzuwandeln. Auf diese Weise kann man dann ein Gespräch in die gewünschte Richtung lenken: Statt unbewusst Desinteresse zu bekunden (zum Beispiel Blick schweifen lassen), demonstriert man bewusst Interesse (zum Beispiel in die Augen schauen, Augenbrauen heben). Wenn Verhalten oder Äußerungen des Gesprächspartners einen fürchterlich aufregen (zum Beispiel Arme verschränken), bewahrt man dennoch Haltung (zum Beispiel Arme öffnen) und zeigt sich damit zugänglich für Kritik oder Vorschläge.

Kann ich dir das ganz direkt sagen?

Greifen in einer Affengruppe mehrere untergeordnete Tiere einen ranghohen Artgenossen an, werden sie aller Wahrscheinlichkeit nach später dafür bestraft. Der Angegriffene hat nun zwei Möglichkeiten: Entweder er nimmt sich die wagemutigen Angreifer einzeln vor, ohne dass die anderen etwas davon merken, oder er greift sich nur einen von ihnen heraus. Diesem armen Sündenbock gibt er dann Saures unter lautem Geschrei und möglichst auffällig, sodass alle es mitbekommen.

▶ Man unterscheidet direkte und indirekte Kommunikation.

Die erste Variante beschreibt das Prinzip der direkten Kommunikation sehr gut. In der zweiten findet auch indirekte Kommunikation statt. Der ranghohe Affe kommuniziert zwar direkt mit dem, den er bestraft, aber zugleich auch indirekt mit den anderen Gruppenmitgliedern, welche die Strafaktion mit ansehen. Bei der indirekten Kommunikation gibt es also meist mehrere Empfänger, die ein vom Sender verschicktes Signal wahrnehmen und darauf reagieren.

Indirekte Kommunikation ist auch bei uns Menschen sehr beliebt. Man denke nur an das Telefonat im Büro: Viele Kollegen telefonieren in einer Lautstärke, die selbst eine Buschtrommel übertönen könnte. Das bringt dem Gesprächspartner zwar nichts, aber den anderen Kollegen tut man auf diese Weise kund, wie bedeutend man doch ist. Ein anderes Beispiel ist der Umgang mit Angestellten, die ihre Kündigung einreichen. Die anderen Mitarbeiter können und sollen oft genau verfolgen, wie der Chef darauf reagiert. Denn beim Weggang eines bewährten Angestellten kann selbst der korrekteste Boss aus der Rolle fallen und tief in die Trickkiste greifen: Er jammert:»Das können Sie uns doch nicht antun!«, oder er droht:»Ich muss wohl mal ein Wort mit Ihrem neuen Arbeitgeber reden.« Manches Mal setzt er den Gehenden auch herab:»In diesen Zeiten zu kündigen, ist nicht gerade sehr klug.« Oder verspricht ihm das Blaue vom Himmel herunter:»Bei uns haben Sie doch Zukunft.« Die anderen indirekten Empfänger erhalten so wichtige Botschaften, die Rückschlüsse auf ihren eigenen Stellenwert in der Firma zulassen.

▶ Oft wünschen wir uns, dass gerade die indirekte Kommunikation beim Empfänger ankommt.

Übrigens geben wir gerade bei steigendem Stress gerne indirekte Signale ab, in der Hoffnung, dass sie an die richtige Adresse gelangen. Das geschieht dann oft sogar unbewusst. Auch in einer Affengruppe wird bewusst oder unbewusst indirekt kommuniziert. Wenn ein Alphamännchen sich vor aller Augen mit einem Weibchen paart – sein Status erlaubt ihm das, einen Angriff vonseiten eines Geschlechtsgenossen hat er nicht zu befürchten – sagt er damit indirekt und vermutlich unbewusst:»Seht her, ich bin der Boss, die Weibchen gehören mir!«

Ich sehe alles!

Unsere Augen sind ein wichtiges Werkzeug der Kommunikation. Damit empfangen wir ein breites Spektrum von visuellen Signalen, die andere beispielsweise über ihr Äußeres, ihren Gesichtsausdruck und die Körperhaltung senden. Die Augen helfen uns nicht nur, die Botschaften wahrzunehmen, sondern auch, sie zu lesen. So verstehen wir, was der Sender will. Diese komplexe Form der Kommunikation kennt nur der Mensch.

Kleider machen Leute

Ein wichtiges Utensil, mit dem wir tagtäglich visuelle Signale aussenden und so bewusst oder unbewusst kommunizieren, ist unsere Kleidung.

Und die Affen? Natürlich kommunizieren auch die Affen mithilfe ihres Äußeren. Ich hatte das ja schon erwähnt: Ein großes, gesundes und kräftiges Tier hat bessere Chancen auf eine Führungsposition und – je nach Art – auch bessere Fortpflanzungschancen als andere, die eher kümmerlich daherkommen. Das Aussehen der Affen hat entscheidende Bedeutung für die Gestaltung ihres Zusammenlebens: Schimpansen und Mantelpaviane beispielsweise können bei Machtkämpfen die Haare sträuben. Die aufgeplusterten Kerle wirken so viel größer und eindrucksvoller, als sie tatsächlich sind. Kranke

Des Kaisers Bart. Zur Familie der Krallenaffen gehört der Kaiserschurrbarttamarin. Sein langer weißer Schnurrbart ist kein spezifisch männliches Merkmal, sondern ziert beide Geschlechter. Unter Menschen werden Schnurrbärte (und auch andere Barttrachten) mit Macht und Strenge assoziiert. Ohne seinen charakteristischen Zwirbelbart hätte der letzte deutsche Kaiser Wilhelm II. (dem diese Äffchen ihren Namen verdanken) wohl weniger eindrucksvoll gewirkt. Nicht nur zu seiner Zeit galten Bärte als Herrscherattribut.

Tiere versuchen, ihre Schwäche möglichst lange zu kaschieren, um einen gesunden Eindruck zu erwecken.

Fruchtbare Schimpansen- und Bonoboweibchen signalisieren den Männchen unmissverständlich ihre Paarungsbereitschaft, indem sie ihre geschwollenen Genitalien zur Schau stellen.

Auch die Tamarine kommunizieren mit »Äußerlichkeiten«: Wenn ein Tamarin mit seinem eindrucksvollen Schnurrbart Weibchen anzulocken versucht, demonstriert er damit nicht nur Schönheit, sondern auch Gesundheit, denn ein attraktives Äußeres ist oft die Folge von ausreichend guter Nahrung. Die Affen erkennen am äußeren Erscheinungsbild eines potenziellen Geschlechtspartners schnell, ob er eine gute Partie ist oder nicht.

Sicher kennen Sie den breiten silbergrauen Rücken und die imposanten Muskelpakete der männlichen Gorillas. Auch sie sind visuelle Signale. Sie weisen die Tiere nicht nur als erwachsen aus, sondern demonstrieren auch deren enorme Kraft. Ein Feind oder Konkurrent sieht sofort, ob der andere in der Lage ist, seinen Clan zu verteidigen. Beginnt er, sich auf die Brust zu trommeln und mit Gebrüll seine Kampfbereitschaft zu demonstrieren, sollte er seine Chancen vielleicht doch noch einmal abwägen. Männliche Paviane, Bart- und Berberaffen entblößen übrigens ihr Gebiss, um anderen zu imponieren.

▶ Felllose »Affen« wie wir brauchen Kleidung zur Kommunikation.

Wir Menschen haben kein Fell, das wir sträuben könnten, und nur selten einen riesigen Schnurbart, den wir demonstrieren. Als »nackte Affen«, wie Desmond Morris uns beschrieben hat, wählen wir dagegen unsere Kleidung oft ganz bewusst aus, um damit zu kommunizieren. Und wir lassen uns durch diese Äußerlichkeiten auch sehr leicht täuschen und manipulieren: »Plötzlich grüßen mich Leute, für die ich vorher Luft war«, erzählte mir ein Teilnehmer, der nach einem Workshop beschlossen hatte, künftig einmal pro Woche im

Anzug zur Arbeit zu gehen. Sehen Sie, welch großen Einfluss unsere Kleidung auf andere hat? Die Person selbst ändert sich dadurch überhaupt nicht, sehr wohl aber der Eindruck, den sie auf andere macht.

Als Menschen sind wir uns der großen kommunikativen Wirkung der Kleidung viel stärker bewusst als die Affen. Denken Sie nur an ein Unternehmen mit strenger Hierarchie: Dort spiegelt die Kleiderordnung Status oder Rang wider, und zwar nach innen und außen. Ebenso ist es bei Militär oder Polizei, wo jeder Balken, Winkel oder Stern auf der Schulterklappe der Uniform etwas über den Dienstgrad des Uniformträgers aussagt. Und da der Mensch sich nun einmal leicht durch Körpergröße beeindrucken lässt, ist es nicht verwunderlich, dass die Ordnungskräfte in manchen Ländern hohe Kopfbedeckungen tragen – man erinnere sich nur an die imposanten Fellmützen der Londoner Guards.

▶ Kleiderordnung und Schuluniform:
  Wir wissen, welche Wirkung unser »Fell« haben kann.

Die Kleidung betont aber nicht nur hierarchische Unterschiede, sondern auch die Gleichheit. Letzteres gilt beispielsweise für Klostertrachten und Schuluniformen.

Ist Ihnen auch klar, dass wir durch unsere Kleidung tagtäglich versuchen, unser Erscheinungsbild an bestimmte Kriterien anzupassen? Oft lügen, manipulieren und täuschen wir dabei. Jeder hat nun einmal eine bildliche Vorstellung davon, wie eine Bankangestellte, ein Arzt, eine Lehrerin, ein Autoschlosser, eine Krankenschwester oder ein Polizist auszusehen hat.

Die Sprache der Augenbrauen. Dieser Bartaffe bedroht den Fotografen mithilfe seiner hochgezogenen Augenbrauen. Auch wir Menschen nutzen die Augenbrauen als Kommunikationsmittel. Wir ziehen sie hoch, wenn wir überrascht sind, und zusammen, wenn wir etwas in Frage stellen oder wütend sind. Mit den Brauen können wir Distanz schaffen, nach Zustimmung suchen und verführen. Sie verraten uns, was andere Menschen wirklich denken oder wollen.

Lass den Körper sprechen!

Nicht nur die Kleidung, auch unsere Körpersprache kann Signale aussenden, die wir mit unseren Augen empfangen können. Zur Körpersprache gehören Mimik, Gestik und Körperhaltung.

Immer wieder beobachte ich, wie jemand mit ruhigen, wohlgesetzten Worten etwas sagt, während seine Körpersprache etwas ganz anderes verrät, nämlich seine wahren Gefühle.

Mein Gesprächspartner steht mir mit gerötetem Gesicht, angespannten Kinnmuskeln und zu Fäusten geballten Fäusten gegenüber und zeigt mir so ganz deutlich, wie verärgert oder gar wütend er in Wirklichkeit ist.

Auch im Büro setzen wir – oft unbewusst – die Körpersprache als nonverbales Kommunikationsmittel ein: Beispielsweise überspielt ein Kollege ein Problem mit einem Scherz, aber sein Gesichtsausdruck zeigt ganz klar, dass er die Situation ganz und gar nicht lustig findet. Und wenn jemand Dinge sagt, hinter denen er eigentlich überhaupt nicht steht, kann man oft an seiner zurückgelehnten Sitzhaltung erkennen, dass er sich im Grunde von dem Gesagten distanziert.

▶ Der Körper verrät oft mehr als tausend Worte.

Interessant sind natürlich auch größere Meetings: So mancher Teilnehmer zeigt körperlich, was er von dem hält, was sein Kollege gerade gesagt hat: Er verschränkt die Arme vor der Brust und demonstriert so seine Ablehnung. Unsicherheit wird durch eine schräge Kopfhaltung oder häufiges Blinzeln und Unmut durch hochgezogene Augenbrauen und eine leicht vorgebeugte Haltung deutlich.

Natürlich setzen auch die Affen ihren Körper zur Kommunikation ein. Viele von uns sind der Meinung, sie verstehen und kennen diese »äffische« Form der Sprache. Doch die Nachahmung dessen, was viele als typisch äffisches Verhalten ansehen (die Wangen aufblasen und sich unter den Achseln kratzen), dürfte ein Affe leider kaum als Aufforderung zu einem »Gespräch« auffassen. Und an die Scheibe des Geheges zu klopfen, stört und irritiert die Tiere nur.

Seien Sie jetzt nicht enttäuscht! Die »körperliche« Kommunikation mit Affen kann trotzdem funktionieren: Einmal

Hüte dich! Wer sich bedroht fühlt, zeigt seine Kraft. Was viele als Gähnen interpretieren, ist in Wahrheit eine Drohung, wie bei dem hier gezeigten Berberaffen. Die Männchen dieser Makakenart haben lange und scharfe Eckzähne. Sie setzen sie zur Verteidigung oder zur Machtdemonstration in der Gruppe ein. Menschen kämpfen oft mit Worten, aber für einen Berberaffen oder andere Primaten ist das Gähnen der erste Warnschuss.

143

beobachteten ein Chef, der an meinem Seminar teilnahm, und ich im Zoo eine Gruppe Mantelpaviane. Er hatte mir zuvor erzählt, dass seine Mitarbeiter ihn als autoritär empfänden, was er absolut nicht verstehen könne. Was passierte? Ein männlicher Pavian setzte sich an die Scheibe, sah den Manager aus dem Augenwinkel an und begann, ausgiebig zu gähnen. Offenbar fühlte er sich durch die Haltung des Mannes provoziert. Es handelt sich um genau die Haltung, die der Chef auch im Umgang mit seinen Mitarbeitern einnahm: Er hielt den Rücken gerade, schob den Kopf leicht nach vorn mit festem Blick und hochgezogenen Augenbrauen. Natürlich erklärte ich meinen Begleiter sofort, dass der Pavian nicht müde sei, obwohl er gähnte. Stattdessen präsentierte er beim Gähnen seine Waffen, die gefährlichen Eckzähne. Dieses Verhalten war zweifelsfrei auf den Betrachter gemünzt, zumal der Affe ihm immer wieder Seitenblicke zuwarf und sich unmittelbar vor ihm postiert hatte, obwohl noch gut zehn andere Zoobesucher in der Nähe standen. Der Pavianmann tat etwas, das die Mitarbeiter des Managers sich in dieser Form wohl nie getraut hätten: Er gab deutlich zu erkennen, dass er sich bedroht fühlte.

▶ Sehen Sie genau hin: Auch der Affenkörper kann sprechen.

Immer wieder beobachte ich, wie Berberaffen mit Zoobesuchern in Kontakt treten. Sie werfen ihnen einen kurzen Blick zu, ziehen die Brauen hoch, spitzen dabei manchmal den Mund und geben eine Art Knurren von sich. Die meisten Besucher merken jedoch gar nicht, dass die Affen sie als Eindringlinge in ihr Revier ansehen und ihnen mit ihrem Verhalten drohen.

Waffenstillstand. Durchs ein nervöses Grinsen sagt dieser Berberaffe zum anderen: »Ich möchte dir nichts tun. Wir haben hier kein Problem, bitte tu mir nichts.«

Und ein Silberrücken (ein ausgewachsener männlicher Gorilla) sieht die Leute vor seinem Gehege meist nicht direkt an, verfolgt aber aus dem Augenwinkel sehr genau, was sich tut. Fühlt er sich bedroht, zieht er nicht jedes Mal eine Imponiershow ab, sondern verströmt auch manchmal einen intensiven moschusartigen Geruch, mit dem er signalisiert, dass er sein Gegenüber als Stressfaktor beziehungsweise Provokation empfindet.

Auch die Bonobos »sprechen« mit den Zoobesuchern, Sie müssen nur genau hinsehen: Sehen Sie das bereits erwähnte Bonobomännchen, das mit Stroh oder Zweigen in den Händen aufrecht durch das Gehege stürmt? Die meisten Zoobesucher amüsieren sich darüber. Sie wissen nun: Die Botschaft gilt Ihnen!

▶ Hören Sie nicht nur darauf, was Ihr Kollege sagt, achten Sie auch darauf, was sein Körper spricht!

Die Tatsache, dass wir nicht verstehen, was Affen uns mitteilen, sagt ganz deutlich etwas über unsere Einstellung zur nonverbalen Kommunikation aus: Sie tritt leider, vor allem im Arbeitsleben, in den Hintergrund. Zum Teil liegt das natürlich an den modernen Kommunikationsmitteln wie Internet, Handy etc. Aber es scheint auch so, als wäre das Kommunizieren mit nonverbalen Signalen tabu, weil nur noch das gesprochene oder geschriebene Wort wirklich zählt. Ich habe zum Beispiel noch nie erlebt, dass die Entscheidung eines formalen Beschlusses zurückgenommen wurde, weil Körperhaltung und Mimik vieler Sitzungsteilnehmer ausdrückten, dass sie nicht damit einverstanden waren. Einzig im Privatleben (Familie, Freundeskreis) finden körpersprachliche Äußerungen noch etwas mehr Beachtung.

Ich finde, das sollte man ändern. Die Körpersprache spielt eine so große Rolle! Dazu eine kurze Geschichte: Einmal wollte der Mitarbeiter einer Firma in einem meiner Workshops herausfinden, warum ihn seine Kollegen so oft missverstanden. Er erzählte mir, dass sie ihm wiederholt eine negative Haltung vorwarfen. Dabei war er keineswegs negativ, wie ich auch im Gespräch ganz deutlich feststellen konnte. Der witzige Mann machte immer wieder ironische Bemerkungen, die er mit einem Grinsen oder Augenzwinkern kommentierte. In unserem Gespräch stellte sich dann heraus, dass im Büro seit einigen Jahren überwiegend per E-Mail kommuniziert wurde, während sich mein Gesprächspartner früher ausgiebig und gerne mit den Kollegen direkt unterhalten hatte. Schnell wurde mir alles klar: Den Mails fehlte natürlich die Mimik aus Zwinkern und Grinsen zu den ironischen Andeutungen. Den Kollegen war es so unmöglich, die Ironie zu erkennen. Ohne begleitende Körpersprache kamen nur die scheinbar negativen Bemerkungen bei den Empfängern an.

Ich rieche alles!

▶ Das am meisten unterschätzte Kommunikationsorgan ist die Nase!

Die Nase dient als Empfänger und nimmt bewusst und unbewusst Geruchssignale auf, die – wiederum bewusst oder unbewusst – von einem Sender abgegeben wurden.

Hmm, wie du duftest!

Beginnen wir mit den Gerüchen, die wir als Sender ganz bewusst zur Kommunikation einsetzen: Morgens sprühen wir uns etwas Duft in die Achselhöhlen, damit die Empfänger, mit denen wir tagsüber zu tun haben, nicht das Weite suchen. Mit Aftershave und Parfüm gehen wir noch einen Schritt weiter: Wir senden eine Botschaft aus, um den Empfänger anzulocken. Unserem körpereigenen Geruch fügen wir also künstliche Düfte hinzu, mit denen wir Signale teils kaschieren, teils verstärken.

▶ Bonobos riechen an Geschlechtsteilen, Kollegen betupfen sich mit Parfüm.

Und die Affen? Nimmt ein Schimpansenmännchen Kontakt zu einer Artgenossin auf, schnuppert er kurz an deren Schamlippen. Würden wir uns im Büro ähnlich verhalten, würden wir uns mit Sicherheit einen ziemlich üblen Ruf unter den Kollegen erwerben. Deshalb gehen wir viel subtiler vor: Wir kommunizieren über Gerüche aus Flakons oder Spraydosen. Körperkontakt ist unnötig, die Botschaft kommt auch so an.

Riecht hier nicht irgendwas?

Im alltäglichen Miteinander laufen außerdem Kommunikationsprozesse ab, die ganz eindeutig von unbewusst wahrgenommenen oder versendeten Geruchssignalen gesteuert werden. Daher kann man auch nur schwer feststellen, wie sich diese Signale genau auf unser Verhalten auswirken. Können wir während eines Gesprächs den Angstschweiß unseres Gegenübers riechen? Bei steigender Körpertemperatur intensiviert sich der Duft von Parfüm – sind wir als Empfänger in der Lage, das wahrzunehmen und daraus auf einen erregten

Gemütszustand zu schließen? Sicherlich nicht bewusst, und dennoch spielen solche Signale eine große Rolle. Untersuchungen haben ergeben, dass auch der natürliche Geruch unser Verhalten stark beeinflusst. Tiere wie auch Menschen geben unbewusst Stoffe ab, die der biochemischen Kommunikation dienen: die sogenannten Pheromone. Bei einem entsprechenden wissenschaftlichen Experiment ließ man eine Gruppe Männer an dem Pheromon Kopulin riechen, das während des Eisprungs im weiblichen Körper gebildet wird. Sie fanden daraufhin sämtliche Frauen, von denen ihnen Fotos vorgelegt wurden, begehrenswert und attraktiv. Eine Kontrollgruppe aus Männern, die kein Kopulin zu riechen bekommen hatten, beurteilte die Frauen auf den Fotos dagegen weniger attraktiv.

▶ Es gibt so manchen Duft, den wir riechen, ohne es zu merken.

Ein anderes Experiment ergab, dass sich der Menstruationszyklus bei Frauen, die eng zusammenleben oder -arbeiten, nach relativ kurzer Zeit synchronisiert, weil sie ihre jeweiligen Gerüche wahrnehmen.

▶ Lassen Sie sich auch im Büro ab und an von einem Duft verführen!

Kann es sogar sein, dass auch Gefühle von Gerüchen bestimmt werden? Können wir – wie manche Tiere – Stress und Nervosität bei anderen riechen? Riechen wir eventuell sogar unbewusst, ob jemand die Wahrheit sagt oder lügt? Wir wissen es nicht sicher. Trotzdem ist es bestimmt nicht verkehrt, wenn wir uns nicht nur im Privatleben, sondern auch am Arbeitsplatz immer wieder vom Gefühl bzw. von unbewusst wahrgenommenen Gerüchen leiten lassen.

So viele Firmen schicken ihre Mitarbeiter auf Fortbildungen, damit sie lernen, professionell aufzutreten sowie Stil und perfekte Umgangsformen zu pflegen. Aber von einer Geruchsschulung habe ich leider noch nichts gehört. Schade! Wenn wir einen Kollegen darauf hinweisen, dass seine Schuhe schmutzig sind, oder einer Kollegin sagen, dass ihr die neue Frisur nicht steht, sollten wir auch erwähnen, dass der strenge Körpergeruch, der schlechte Atem oder das aufdringliche Parfüm sich nicht besonders positiv auf das Geschäftsleben auswirken.

Ich spüre alles!

Es gibt eine Form von Kommunikation, die im Büroalltag nur selten eingesetzt wird: die Berührung. Die Affen dagegen berühren sich sehr gerne. Beobachtet man sie genau, sieht man es deutlich: ein Kuss, eine Umarmung, das Betasten des Skrotums eines Artgenossen oder ein Finger in dessen Mund, ein Schubs, ein Klaps. Die Affen setzen oft die Berührung als Kommunikationssignal ein.

Dass auch uns diese Kommunikationsform ursprünglich nicht fremd ist, zeigen uns die Kinder: Sie schubsen, packen, schlagen, küssen und drücken sich. Der Körperkontakt – als Berührung zwischen Mutter und Kind – ist ja auch die erste Form von Kommunikation im Leben eines Menschen.

Im krassen Gegensatz dazu steht das Büroleben, in dem Kommunikation durch Berührung zum Tabu geworden ist. Ein Händedruck, ein Schulterklopfen, zum Geburtstag ein Kuss auf die Wange – mehr ist nicht gestattet.

Wie viel einfacher und vor allem klarer wären die Dinge, wenn wir uns zum Beispiel nach einer heftigen Auseinandersetzung umarmen und drücken würden! Wie erleichtert wären wir, könnten wir einem Kollegen, der uns zur Weißglut treibt, einfach eine runterhauen! Stress und Spannung wären wie weggeblasen, und eine Ohrfeige würde eine viel deutlichere Sprache sprechen als alle umständlichen Worte.

▶ Eine bewusst eingesetzte Berührung kann jede Kommunikation verbessern.

Die Kommunikation verändert sich von Grund auf, wenn Berührungen erlaubt sind. Das zeigen andere Kulturen, in denen Berührungen ganz normal sind. Auch Sehbehinderte wissen das, weil sie ihr Handicap durch Tasten kompensieren. Denken Sie deshalb daran: Berührungen können ein Gespräch intimer und freundlicher gestalten. Fehlen sie, kann das für eine feindselige Atmosphäre sorgen.

▶ Achten Sie auf Ihren Händedruck! Auch er ist Teil der Kommunikation.

Allein die Form eines Händedrucks liefert wertvolle Information. Seine Festigkeit, Dauer, Schweißfeuchte, Wärme oder Kälte sagen mehr als tausend Worte. Und auch zufällige Berührungen können wichtige Botschaften vermitteln.

Ich höre alles!

Sehen, riechen, tasten. Es gibt noch einen Sinn, der gerade uns Menschen beim Kommunizieren hilft: der Hörsinn. Das Ohr ist ein wichtiges »Empfangsgerät«, über das wir Informationen aufnehmen. Im Büro führen wir Besprechungen, hängen stundenlang am Telefon und plaudern mit Kollegen, und in unserer Freizeit hören wir Musik oder unterhalten uns mit Freunden. Unsere Ohren sind immer dabei! Dabei spielen nicht nur die Worte, sondern auch die Geräusche eine Rolle, die wir von uns geben. Sie sagen manchmal mehr als tausend Worte: Ein Seufzer etwa verrät uns, wie eine Kollegin wirklich über ihr neues Aufgabenfeld denkt. Ein bestimmter Tonfall oder ein Wechsel der Lautstärke kann den Worten des Chefs deutlich mehr Gewicht oder auch eine andere Bedeutung verleihen.

▶ Menschen sind Ohrentiere!

Ganz anders geht es bei unseren tierischen Verwandten zu: In einer Affengruppe ist es, von hektischen Momenten mal abgesehen, auffallend ruhig. Wo wir Worte benutzen, kommunizieren sie mit anderen Mitteln: Während Affen zusammensitzen und sich lausen, ziehen wir uns auf den Flur zurück, um mit einem Kollegen die neuesten Klatschgeschichten auszutauschen. Zieht ein Alpha-Affe eine kleine Imponiershow ab, erklärt uns der Chef seine neueste Strategie lieber in einem Endlosmonolog. Und während ein untergeordneter Affe mit einem Grinsen und in gebückter Haltung Unterwürfigkeit bekundet, stimmen wir einen Lobgesang auf die Verdienste unseres Chefs an.

Sie sehen – oder besser – Sie hören es: Bei uns Menschen

spielt die akustische Kommunikation eine wichtige Rolle. Das kommt natürlich auch daher, dass bei uns andere Sinne, zum Beispiel der Geruchssinn, weniger stark entwickelt sind. Die akustische Kommunikation hat natürlich auch den Vorteil, dass die Signale ohne Hilfsmittel eine weitere Entfernung überwinden können. Sender und Empfänger müssen sich beim Austausch hörbarer Signale nicht in unmittelbarer Nähe voneinander befinden. Daher meine Empfehlung: Immer gut zuhören!

8 Die drei Affen

Wenn im Büro etwas schiefläuft oder sich die Dinge anders entwickeln als geplant, ist häufig fehlende oder falsche Kommunikation schuld. Es ist wie bei den berühmten drei Affen: nichts sehen, nichts hören, nichts sagen. Bringt man die Probleme zur Sprache, sagen die Angestellten:»Ich wusste nichts davon.« Oder:»Es war nicht klar, ob das auch für mich gilt.« Oder:»Sollen sie doch reden, nach mir die Sintflut.« Der Chef reagiert mit Äußerungen wie»Ich weiß nicht, was in der Belegschaft gespielt wird.« Oder:»Ich bekomme ja kein Feedback.« Oder:»Wenn ich wüsste, was da läuft, dann könnte ich das berücksichtigen.«

▶ Probleme im Büro? Oft liegt es an der
  fehlerhaften Kommunikation.

Dann werden teure Berater engagiert, Mitarbeiter zu Fortbildungen geschickt, Hochglanzbroschüren gedruckt, informelle Meetings abgehalten und eine»Politik der offenen Tür« eingeführt. In vielen Fällen nützt das leider nichts, oder der Erfolg ist nur von kurzer Dauer. Es ist, als sprächen Kollegen und Chef verschiedene Sprachen. Letzterer achtet nicht auf offensichtliche Signale, und die Angestellten stellen sich taub.

154

Wie kann es so weit kommen? Im Wesentlichen gibt es zwei Ursachen der Fehlkommunikation: Verarmung und Lügen bzw. Betrügen.

Ich sehe, rieche, spüre und höre dich nicht!

Eine kurze Frage, bevor es zur Sache geht: Wussten Sie, dass die rein verbale, also die sprachliche Kommunikation nur fünfzehn Prozent unserer Kommunikation ausmacht? Eine weit größere Rolle in sozialen Prozessen spielt die nonverbale Kommunikation.

Ich konnte das ganz deutlich beobachten: Auch im Büroalltag läuft die Kommunikation nur zu einem geringen Teil auf der Sachebene. Diese enthält all die Informationen, die wir über die Sprache mitteilen. Wir reden dann tatsächlich nur von Produkten und Dienstleistungen, die für den täglichen Arbeitsprozess notwendig sind. Der ganze Rest ist nonverbale Kommunikation und läuft auf der Beziehungsebene ab. Es handelt sich also um Kommunikationsinhalte, welche die sozialen Prozesse im Büro regeln. Sie glauben mir nicht? Machen Sie doch eine Probe aufs Exempel und überprüfen Sie einmal Ihre E-Mails auf absolut unverzichtbare Inhalte. Es wird sicher nicht viel davon übrig bleiben.

▶ Unsere Kommunikation läuft zum größten Teil nonverbal ab.

Was teilen wir uns nun mit, wenn wir nonverbal kommunizieren? Nun, manche Wissenschaftler vertreten die Auffassung, dass sich die Kommunikation bei allen Tierarten, also auch bei uns Menschen, um die Themen Lebens- und Wohnraum,

Fortpflanzung, Besitz, Macht und Neid dreht. Und tatsächlich hängt auch die nonverbale Kommunikation im Arbeitsalltag sehr stark damit zusammen: Wir wollen überleben, wir wollen Geld für unsere Familie verdienen oder ein Haus abbezahlen, und wir legen Wert auf Macht und Status.

▶ Nur wenn die nonverbale Kommunikation reibungslos abläuft, klappt das mit der Bürogemeinschaft.

Gerade für unser Funktionieren als soziale Gruppe ist die nonverbale Kommunikation unabdingbar. Denken Sie nur an das gefürchtete persönliche Gespräch zwischen Angestelltem und Vorgesetztem: Der Mitarbeiter sieht die verschränkten Arme des Chefs, er erkennt die hochgezogenen Augenbrauen und hört dabei, wie dessen Stimme lauter wird. Der Chef riecht den Schweiß des Angestellten, der sich mit dessen Duftwasser mischt, und hört den Stuhl knarren, wenn sein Gesprächspartner die Haltung verändert. Mit einem Wort: Hier funktioniert die nonverbale Kommunikation einwandfrei, und sie trägt eindeutig zum gegenseitigen »Austausch« bei.

▶ Unserer Botschaft fehlen wichtige Signale, weil wir das falsche Kommunikationsmedium benutzt haben.

Würden wir unsere Kommunikation am Arbeitsplatz auf die rein betrieblich notwendigen, vor allem verbalen Informationen reduzieren, könnten wir nicht mehr in Gruppen zusammenarbeiten, und die Firma wäre bald am Ende. Im Büro sind die nonverbale Kommunikation und die oben genannten »tierischen« Themen mindestens ebenso wichtig wie die Absprache über die Herstellung von Produkten.

Was hat das nun alles mit Fehlkommunikation zu tun?

Ganz einfach: Im heutigen Büroalltag wird die nonverbale Kommunikation, die ja so wichtig ist, täglich gestört. Wir tendieren unbewusst regelrecht dazu, Kommunikation ausschließlich auf verbal übermittelbare Inhalte zu reduzieren, also auf Zahlen, Fakten, Resultate und Daten, und ganz gegen unsere Natur fünfundachtzig Prozent der möglichen Kommunikation über Bord zu werfen. Es kommt zu einem wichtigen Phänomen der Fehlkommunikation, nämlich zur »Verarmung«. Dabei fällt ein großer Teil der Botschaft, die wir anderen übermitteln möchten, unter den Tisch, weil wir unbewusst das falsche Kommunikationsmedium auswählen.

Bitte alles ins Protokoll!

Ein Kommunikationsmedium, das leicht zur Verarmung führen kann, ist das Protokoll: Bei einem Meeting werden Informationen ausgetauscht, die auch für einige nicht Anwesende interessant sind. Deshalb fertig der Schriftführer ein Protokoll an, in dem er das Besprochene auf möglichst wenige Zeilen komprimiert. Dabei nimmt er natürlich keine nonverbalen Signale mit auf. Er schreibt auf keinen Fall: »Widerwillig stimmte Herr X dem Vorschlag zu. Seine Körperhaltung verriet aber ganz deutlich, dass an eine Realisierung gar nicht zu denken ist.« Sondern er schreibt nur: »Herr X stimmte zu.«

▶ Wussten Sie das? Das Protokoll enthält keine nonverbalen Informationen.

Außenstehende werden durch Protokolle also nur über die fünfzehn Prozent der Kommunikation informiert, die verbal stattfindet und die Geschäftliches zum Inhalt hat. So verpassen sie eine Menge. Ein nicht zu unterschätzendes Informationsdefizit kann die Folge sein.

Sie haben Post

Es gibt noch weitere Medien, die eine Fehlkommunikation durch Verarmung verursachen können: E-Mail, Notiz, Telefon und Fax. Diese modernen Kommunikationsmedien drängen sich förmlich auf, sie gewinnen immer mehr an Boden und sind auf dem besten Weg, die alten Formen, allen voran den persönlichen Kontakt, beiseitezuschieben. Jedes von ihnen lässt zwar ein geringes Maß an nonverbaler Kommunikation zu: Am Telefon kann man möglicherweise über den Tonfall und eventuelle Hintergrundgeräusche hören, ob der Gesprächspartner nervös oder eher zuversichtlich ist. Einer Notiz kann der Empfänger zum Beispiel über Handschrift und Formulierungen nonverbale Signale entnehmen. Bei einer E-Mail entfällt die Handschrift, aber mit Icons wie :-) oder :-(kann der Sender dem Empfänger mitteilen, wie er bestimmte Aussagen einschätzt.

▶ In E-Mail, Notiz, Telefonat und Fax werden nonverbale Informationen reduziert. Eine Kommunikationsverarmung kann die Folge sein.

Zudem hat auch die Persönlichkeit von Sender und Empfänger einen Einfluss auf die Menge der nonverbalen Information, die durch moderne Kommunikationsmedien transportiert werden kann: Wer sich schriftlich gut ausdrücken kann, packt mehr nonverbale Information in eine Notiz, und ein guter Zuhörer kann bei einem Telefongespräch viele nichtsprachliche Signale erfassen.

Aber denken Sie nur daran, was passiert, wenn eine telefonische Botschaft per Mail an einen zweiten Empfänger weitergeleitet wird. Man kann sich leicht ausrechnen, was dann noch davon übrig bleibt. E-Mail, Telefonat und Notiz kommen einfach nicht an ein persönliches Gespräch heran, bei dem der Empfänger, wenn er dafür offen ist, jede nonverbale Information aufnehmen kann, die der Sender übermittelt. Damit will ich nicht sagen, dass Telefon oder E-Mail abgeschafft werden sollten. Sie bieten effiziente Möglichkeiten des Informationsaustauschs. Nur für ausführliche Diskussionen oder zur Klärung von Problemen, die durch ein Fehlverhalten des Gegenübers entstanden sind, eignen sie sich einfach weniger. Wollen wir jemanden von einer Sache überzeugen oder unseren Ärger über etwas mitteilen, sollten wir das besser im persönlichen Gespräch und nicht per Mail tun. Vermeiden Sie Fehlkommunikation, indem Sie das richtige Medium auswählen. Nur so hat auch die nonverbale Kommunikation eine Chance!

Blinde können hören, Taube können sehen

Auch wenn wir uns für Signale nicht öffnen, kann es zur Verarmung kommen. Für eine funktionierende Kommunikation brauchen wir nämlich scharfe Sinne. In der Natur ist ein Affe, der nicht sehen kann, zum Tode verurteilt: Ein blind geborenes Jungtier wird nicht alt. Ein Affe, der erst später erblindet, findet keine Nahrung mehr und ist seinen Feinden eine leichte Beute. Schlechtere Überlebenschancen hat auch ein Affe, der nicht hören kann. Er reagiert nicht auf Warnrufe und steht in der Rangordnung weit unten, weil er Laute in der Gruppe nicht wahrnimmt. Tiere in der Natur können schlichtweg nicht überleben, wenn eines ihrer Sinnesorgane keine Signale empfängt.

Bei uns Menschen sieht es zum Glück etwas anders aus. Mit den entsprechenden Hilfsmitteln können Blinde und

Taube durchaus vollwertige Mitglieder der Gesellschaft sein. Sie nutzen ihre gesunden Sinnesorgane effizienter: Taube können Lippen lesen, Blinde hören weit mehr als Sehende.

▶ Schärfen Sie Ihre Sinne, und öffnen Sie sich für Signale. Denn auch ein blindes Huhn findet mal ein Korn!

Fehlkommunikation kommt zum Teil dadurch zustande, dass wir im Alltag längst nicht alle Möglichkeiten ausschöpfen, um unsere Sinnesorgane optimal zu nutzen. Die gesendeten Signale sind zudem oft nicht deutlich genug. Wir können aber unseren Empfang ganz einfach verbessern, indem wir genauer hinhören oder hinsehen. Außerdem sollten wir versuchen, die Signale zu interpretieren. Wollen wir eine Botschaft hundertprozentig verstehen, müssen wir mit allen Sinnen für sie offen sein. Dafür sollten wir alle Sinnesorgane schärfen.

Ausgetrickst!

Neben der Verarmung gibt es noch ein Phänomen, das Fehlkommunikation verursachen kann: Es ist das bewusste Reduzieren oder Verändern von Informationen, sodass das Signal nicht vollständig oder in abgewandelter Form beim Empfänger ankommt.

Ein Beispiel: Ein Mitarbeiter möchte berechtigte Kritik an seinem Vorgesetzten üben. Wie macht er das? Er schreibt eine Mail, denn das fällt wesentlich leichter als ein persönliches Gespräch. Dabei muss er seinem Chef nicht direkt in die Augen schauen, und der Boss kann die roten Flecke am Hals seines Angestellten nicht sehen. Der Empfänger seiner heiklen Mitteilung unterbricht ihn nicht, reagiert nicht sofort und hört auch seine zitternde Stimme nicht. Er registriert nur, was ihn über den Bildschirm erreicht. Sie sehen: Anders als beim Phänomen der Verarmung können wir uns auch ganz bewusst dafür entscheiden, dem Empfänger eine reduzierte Botschaft zukommen zu lassen, zum Beispiel eine Botschaft ohne nonverbale Information. Es kommt zur Fehlkommunikation.

▶ Wir können Fehlkommunikation auch ganz bewusst auslösen. Dafür halten wir Informationen zurück oder täuschen und manipulieren andere.

Diese Form der bewussten Fehlkommunikation benutzen wir, um unsere Macht oder unsere Position im sozialen Gefüge zu stärken. Übrigens wird die ganz bewusst fehlerhafte Kommunikation nicht nur bei uns Menschen, sondern in der gesamten Tierwelt praktiziert, während die Verarmung nur bei den Menschen existiert.

Es gibt sogar Workshops, in denen wir lernen, Signale so zu übermitteln, dass sie ihr Ziel erreichen. Dabei erfahren wir, wie wir unser natürliches Verhalten, wie die Körperhaltung oder die Mimik, unterdrücken können und wie wir als Empfänger durch die äußere Schicht hindurch die eigentliche Botschaft erfassen können.

Im Wesentlichen gibt es drei Strategien, mit denen wir bewusst Fehlkommunikation verursachen können: Zensur, Täuschung und Manipulation. Schon in jungen Jahren wird uns ihre Wirkung bewusst, und wir lernen, sie zu nutzen. Da der so erzielte Vorteil oft nur von kurzer Dauer ist, sind wir gezwungen, immer wieder auf diese Verhaltensweisen zurückzugreifen, um längerfristig Einfluss auf unser soziales Umfeld auszuüben.

Sag ich nicht

In einem Unternehmen entsteht Fehlkommunikation häufig dann, wenn Informationen hängen bleiben, in größeren Betrieben verschwinden sie oft auch ganz einfach. Das kann daran liegen, dass, wie beim Thema Verarmung beschrieben, falsche Kommunikationsmittel gewählt werden, es kann aber auch vorkommen, dass Informationen bewusst unterschlagen werden. In diesem Fall handelt es sich um die Strategie der Informationszensur.

▶ Wo ist denn die Mail geblieben? So manche Information wird im Büro ganz bewusst aus dem Verkehr gezogen.

Auch Affen kennen diese Taktik. Lassen Sie mich von einem Experiment erzählen: Ein Tierpfleger versteckte im Außengehege einer Schimpansengruppe einen Apfel. Ein weibliches Tier beobachtete das deutlich von innen durch die Scheibe. Als die Affen dann ins Freie durften, lief die Schimpansin nicht etwa schnurstracks zu dem Versteck. Erst als sie sich allein und unbeobachtet fühlte, schnappte sie sich den Apfel und verspeiste ihn ganz für sich allein. Wäre sie nämlich sofort zum Versteck gelaufen, hätte sie nicht nur die Information, sondern ganz sicher auch den Apfel mit den anderen Tieren teilen müssen.

▶ Affen und Menschen halten Informationen zurück, um sich Vorteile zu verschaffen. Die Taktik ist bei beiden gleichermaßen beliebt.

Ähnliche Experimente brachten das gleiche Ergebnis: Schimpansen wägen offenkundig ab, ob sie bestimmte Informationen weitergeben oder ganz bewusst zurückhalten. Die Entscheidung hängt zum einen davon ab, welchen Vorteil ihnen die Informationszensur verschafft, und zum anderen von der Position des Affen in der Gruppe. Ein ranghohes männliches oder weibliches Tier wird wahrscheinlich keine Informationen über eine geheime Futterquelle unterschlagen, weil es schlichtweg keiner Bedrohung durch andere ausgesetzt ist.

Ganz anders im Büro, wo auch die Chefs ganz bewusst Informationen zurückhalten: Wenn sich beispielsweise die Mitarbeiter einer Abteilung bei ihrem Chef über den hohen Arbeitsdruck beklagen, gibt er diese Information sicher lieber in abgewandelter Form an seinen eigenen Vorgesetzten weiter. So wirkt es nicht so, als sei die Unruhe auf sein schlechtes Management zurückzuführen.

Erfährt ein Boss von der Unternehmensleitung, dass die Firma umstrukturiert werden soll, hält er diese Information eventuell eine Weile zurück. In der Zwischenzeit kann er seine Position stärken oder verhindern, dass wertvolle Mitarbeiter vorzeitig kündigen.

▶ Befindet man sich in der Mitte einer Informationskette, lassen sich Informationen besonders leicht »zensieren«.

Die beschriebenen Beispiele machen es deutlich: Gerade die mittlere Führungsebene ist häufig an der Informationszensur beteiligt, die zur Fehlkommunikation führt. Die Erklärung dafür liegt auf der Hand: Sie nimmt eben eine zentrale Stellung in der »Mitte« ein: Wichtige Informationen passieren sie in zwei Richtungen: von oben nach unten und von unten nach oben. Da ist es einfacher zu sagen: »Was machen die da oben eigentlich?«, beziehungsweise: »Wir hören gar nichts von der Belegschaft.« Die Angestellten beklagen sich bei ihren unmittelbar Vorgesetzten, und die oberste Führungsebene kommuniziert vorzugsweise mit der nächstunteren Ebene. Die Information bleibt dann irgendwo in der Mitte stecken, denn die Vertreter des »Mittelbaus« sitzen zwischen zwei Stühlen. Sie müssen die Interessen beider Seiten vertreten. Ihre Zukunft in der Firma kann also davon abhängen, auf welche Weise sie Informationen weiterleiten.

Natürlich werden auch auf anderen Ebenen eines Unternehmens Informationen zurückgehalten. Jeder Angestellte überprüft Botschaften daraufhin, was sie für ihn bedeuten und welche Risiken und Möglichkeiten sie für seine Position bergen. Erst dann gibt er sie – ganz oder teilweise – weiter.

▶ Auch das selektive Streuen von Informationen kann zur Fehlkommunikation führen.

Übrigens gibt es unter den Kollegen auch so manchen »schlauen« Fuchs, der Informationen selektiv zurückhält oder sogar streut. Denn die Information ist wie das Futter einer Affengruppe: Ihre Weitergabe bringt Vorteile ein. Beispielsweise kann man streng vertrauliche Mitteilungen einem anderen Kollegen zuspielen, der geradezu süchtig nach Information ist (sind wir das nicht alle irgendwie?). So macht man sich bei ihm beliebt, was sich zu einem späteren Zeitpunkt auszahlen kann. Wird eine ausgewählte Personengruppe unter Geheimhaltungsvorbehalt über eine Umstrukturierung, eine Fusion, eine bedeutende Transaktion oder über bevorstehende Entlassungen informiert, weiß bald plötzlich die halbe Firma davon. Die Kollegen in strategischen Positionen geben kleine »Informationshäppchen« weiter, um sich die Gunst der Empfänger zu sichern, die ihrerseits dann ebenso verfahren. Die Strategie lautet: Tausche Information gegen Loyalität!

Gut geblufft ist halb gewonnen

Manchmal halten wir Informationen nicht nur zurück, sondern gehen noch einen Schritt weiter. Wir nutzen bestimmte Signale ganz bewusst zur Täuschung. Wie unsere Affenverwandten können wir einschätzen, welche Reaktion eine Aktion hervorruft: Wir haben gelernt, wie wir eine Botschaft am besten übermitteln, um beim Empfänger die gewünschte Wirkung zu erzielen. Wir versetzen uns in ihn hinein und achten auf die nonverbalen Signale ebenso wie auf die verbalen. Ein Verkäufer kleidet sich beispielsweise besonders gut, um seriös zu wirken. In einem Gehaltsgespräch kontrollieren wir unsere Haltung und Miene natürlich besonders oft, und wir gehen in keine schwierige Verhandlung, ohne ausreichend Deo benutzt zu haben.

▶ Jeder von uns täuscht manchmal die Kollegen, und sei es nur, indem er eine Krawatte trägt, obwohl er eigentlich der Turnschuhtyp ist.

Als »soziale Tiere« setzen wir die Täuschung ganz bewusst zu unserem Vorteil und als Machtmittel ein. Da jede soziale Gruppe und damit auch jedes Büro nur funktioniert, wenn klare Verhältnisse herrschen, entsteht durch Täuschung auch Fehlkommunikation.

Auch die Affen täuschen: Einmal konnte ich beobachten, wie sich ein Schimpanse bei einem Kampf mit dem Anführer eine Verletzung zuzog und daraufhin hinkte. Er tat das wochenlang, aber nur, wenn das Alphatier ihn sehen konnte. War es außer Sichtweite, schienen die Schmerzen wie weggeblasen, und das Humpeln verschwand. Mit dieser klugen Täuschung erreichte der Schimpanse, dass er vom Anführer in Ruhe gelassen wurde.

Um Täuschung ging es auch in einem Experiment, in dem zwei weibliche Affen in einem separaten Gehegeteil gefüttert wurden. Die anderen Gruppenmitglieder konnten durch eine Öffnung zuschauen, das Futter aber nicht erreichen. Sie begannen nun, die beiden bei ihrer Mahlzeit zu stören: Erst bettelten sie, und als das nichts fruchtete, fingen sie an, mit Erde zu werfen. Den Affendamen gefiel das offensichtlich nicht. Denn schließlich lief eine der beiden zur Gittertür, schaute nach draußen und stieß einen Warnruf aus. Die »Futterneider« stoben daraufhin auseinander und machten sich auf die Suche nach der vermeintlichen Gefahr. Die beiden Weibchen konnten endlich in Ruhe fressen.

Wir Menschen treiben die Täuschung natürlich noch wesentlich weiter. So mancher Kollege stößt beispielsweise ein schlechtes Betriebsergebnis als Alarmruf aus, um einen bestimmten Sachverhalt in den Blickpunkt zu rücken oder davon abzulenken. Ein anderer benutzt Fachjargon, um Außenstehende auf eine falsche Fährte zu locken oder seine Überlegenheit zu demonstrieren. In manchen Firmen macht man geradezu einen Sport daraus, möglichst viele Abkürzungen zu verwenden, um den eigentlichen Inhalt des Gesagten zu verschleiern.

▶ Wer täuscht, lenkt ab.

Die Täuschung zielt also darauf ab, den Empfänger von Inhalten abzulenken, die ihn eigentlich brennend interessieren würden, dem Sender aber zum Nachteil gereichen. Oder sie soll die Aufmerksamkeit von etwas abziehen, das wir nicht firmenöffentlich machen wollen, zum Beispiel die Auftragslage, den Stand eines Projekts oder den tatsächlichen Preis eines Produkts oder einer Dienstleistung. Natürlich können wir mit

Fachchinesisch oder schwammigen Formulierungen auch von dem ablenken, womit wir uns am Arbeitsplatz beschäftigen oder eher nicht beschäftigen.

Die Kunst der Manipulation

Nicht nur durch das Zurückhalten von Informationen oder durch die Täuschung können wir bewusst für Fehlkommunikation sorgen. Es gibt eine sehr viel stärkere Form der Informationsveränderung, mit der wir das Verhalten der anderen beeinflussen, und zwar ohne dass sie es merken: die Manipulation. Auch im Unternehmen ist sie gang und gäbe. Und trotzdem rechnet nicht jeder in jedem Augenblick damit, dass er gerade manipuliert wird. Das Opfer merkt es natürlich sowieso nicht, und ein externer Beobachter bekommt häufig ein falsches oder unvollständiges Bild des Spiels, das da gerade stattfindet.

▶ Sie haben den Verdacht, manipuliert zu werden? Ganz sicher nicht, denn das würden sie nicht merken.

Auch diese Form der bewussten Fehlkommunikation können wir bei unseren nächsten Verwandten beobachten: Junge Schimpansen sind wahre Meister der Manipulation. Wenn sie von der Mutter gesäugt werden möchten oder etwas vom Futter eines anderen Jungtiers abhaben wollen, stimmen sie ein ohrenbetäubendes Geschrei an, das die ganze Gruppe in Aufruhr versetzt. Stoßen sie auf Widerstand, schreien sie ganz einfach so lange weiter, bis sie ihren Willen durchgesetzt haben. Dabei kommt es sogar vor, dass das Muttertier oder das andere Jungtier von einem aufgebrachten Schimpansen angegriffen wird, der das Geschrei einfach nicht mehr ertragen kann. Die jungen Schimpansen missbrauchen ganz eindeutig ihren Kinderstatus, um Dinge durchzusetzen, für die sie eigentlich schon zu alt sind.

▶ Hin und wieder werden wir alle zu Kindern. Keine Sorge, ist nur ein Trick.

Kommt Ihnen das bekannt vor? Wir Menschen stehen den Affen nämlich in dieser Beziehung in nichts nach. Auch wir fahren gern die Mitleids- oder Kleinkindtour, um etwas zu erreichen. Statt zu sagen, dass wir zu einer bestimmten Arbeit keine Lust haben (das geht am Arbeitsplatz natürlich nicht), geben wir vor, die Anweisung nicht zu verstehen. Wenn wir sehen, dass etwas falsch läuft, aber nicht eingreifen wollen oder nicht den Mut dazu haben, verweisen wir auf den Chef, der schon wissen wird, was er tut. Um uns vor der Verantwortung zu drücken, stellen wir uns dümmer, als wir sind, oder lassen andere klüger erscheinen, als sie es sind.

▶ Ein Kommunikationsmedium, das sich hervorragend zur Manipulation eignet, ist die E-Mail.

Besonders über das Internet wird viel manipuliert. Wir können einen Kollegen in einer kleinen Mitteilung an seine Zuständigkeit oder an einen Termin erinnern und in das Cc-Feld eine ellenlange Namensliste setzen, in der ganz beiläufig auch der Chef vertreten ist. Der Effekt ist der gleiche wie beim unzufriedenen Affenjungen, das von seiner Mutter gesäugt werden möchte: Am Ende greift ein ranghohes Tier ein, und die Mutter bekommt eins aufs Dach, weil sie das Geschrei nicht unterbindet. Was genau in der Mail steht, beziehungsweise warum der kleine Affe so schreit, ist dann zweitrangig.

Viele von uns sind große Künstler der Manipulation, und gehen dabei sehr geschickt vor. Dazu zwei Beispiele aus der Praxis: Im ersten Beispiel geht es um eine Firma, in der eine lockere Atmosphäre herrschte und alle sich duzten. Ein neu eingestellter Mitarbeiter aber sprach die Führungskräfte konsequent mit »Sie« an. Einer der Chefs versuchte beharrlich, ihn zum »Du« zu bewegen. Er wurde immer freundlicher, um eine Vertrauensbeziehung zu ihm aufzubauen, bis er am Ende bemerkte, dass er manipuliert worden war. Mit seiner Förmlichkeit wies der Neue ihn immer wieder auf seine Verantwortung hin und machte damit ganz deutlich klar, dass er sich nicht für Aufgaben des Managements einspannen lassen würde.

Das zweite Beispiel konnte ich während einer Verhandlungsrunde in einer anderen Firma beobachten. Einer der Teilnehmer fand einen wesentlich jüngeren Kontrahenten offenbar sehr sympathisch und nahm sich seiner väterlich an. Er schien nur sein Bestes zu wollen und riet ihm, was er zu tun habe, um keinen Schiffbruch zu erleiden. Das Verhalten des Jüngeren nahm immer kindlichere Züge an, und er folgte dem Älteren quasi auf Schritt und Tritt. So bekam dieser durch sein raffiniertes Manipulieren des Gegners alle Trümpfe in die Hand, und die Verhandlung wurde zu seinen Gunsten entschieden.

9 Aus erster Hand

▶ Ein bisschen sind wir alle gleich.

Jeder von uns will besonders und einzigartig sein. Wenn es aber am Arbeitsplatz Schwierigkeiten oder Probleme gibt, weisen wir gern die Schuld von uns. Dann heißt es stereotyp: »Das ist doch überall das Gleiche.« Ob Sie es glauben oder nicht: Das stimmt! Komplett einzigartig ist niemand von uns. Wir alle tragen eindeutig wiederkehrende Verhaltensmuster in uns, die seit Jahrmillionen in unseren Genen verankert sind. Natürlich werden sie trotzdem auch von äußerlichen Faktoren beeinflusst, die ihren Ursprung in unserer Kultur und Persönlichkeit haben.

Am Ende dieses Buches möchte ich Ihnen nun eine Auswahl von Erfahrungen präsentieren, die ich in den vergangenen Jahren mit vielen Firmen und Tausenden von Teilnehmern unserer Workshops gemacht habe. Ich erzähle Ihnen außerdem, welchen Rat wir den Teilnehmern mitgegeben haben. Betrachten Sie es nicht als goldene Regeln oder gar »Tools«, gegen die ich ja schon eingangs meine Einwände vorgebracht habe. Denn es waren trotz allem einzigartige Firmen und einzigartige Menschen, die ich zu den Affen mitnahm, um ihnen den Spiegel vorzuhalten. Sehen Sie es als Möglichkeit, das Verhalten in einem Unternehmen aus biologischer Perspektive zu betrachten.

Die Macht richtig einsetzen!

Ein spannender Fall ...
Meine Kollegen und ich hätten es uns nicht besser aussuchen
können: An einem unserer ersten Workshops nahmen elf Ar-
meeoffiziere teil, die gemeinsam etwas über Führung lernen
wollten. Doch zwei Tage vor Beginn des Trainings geriet einer
der Organisatoren ins Zweifeln. Er war sich nicht sicher, ob
er seinen Untergebenen plausibel machen könne, dass ihnen
ausgerechnet die Affen weiterhelfen könnten. Ich konnte ihn
zwar überzeugen, doch als es losging, war die Skepsis immer
noch sehr deutlich – bei ihm und noch mehr bei seinen Kollegen – zu spüren. Gemeinsam tranken wir auf der Terrasse des
Restaurants mit Blick auf die Gorilla-Insel noch einen Kaffee. Dabei überlegten sie ernsthaft, ob man die Veranstaltung
nicht besser abblasen sollte. Plötzlich erschien Bongo auf der
Bildfläche, der Silberrückengorilla in Apenheul. Er war sicht-
lich überrascht, als er die elf hochgewachsenen Männer sah,
die in typisch militärischer »Rührt euch«-Haltung mit ihren
Kaffeetassen in der Hand dastanden. Und das zu einem Zeitpunkt, zu dem normalerweise noch keine Besucher im Zoo
waren. Bongo war offenbar beunruhigt und begann zu imponieren: Um seine Kraft zu demonstrieren, riss er Gras und
Sträucher aus und stürmte mit kräftigem Brusttrommeln vor.
Die elf Offiziere erstarrten tief beeindruckt. Schon kurz darauf fragten sie mich: »Was machen wir heute?« Denn sie
hatten Führung gesehen, und dafür waren sie schließlich gekommen.

In der Ruhe liegt die Kraft

Viele wollen nur eines wissen: »Wie werde ich eine gute Führungskraft?« Das Bild, das sie dabei im Kopf haben, entspricht genau dem, was Bongo auf den ersten Eindruck vermittelte. Und trotzdem ist ein Silberrücken nicht deshalb ein guter Anführer, weil er sich heftig auf die Brust trommelt, sondern vor allem deshalb, weil er auf subtile Weise die Ruhe seiner Gruppe aufrechterhält. Seine wichtigste Aufgabe ist das Gewährleisten von Sicherheit und Ruhe. Körperliche Kraft ist dabei unabdingbar, aber mit dazu gehören unbedingt auch Sanftmut, Nachsicht mit den Jungtieren und unter Umständen ein wenig Verspieltheit für die Halbwüchsigen und Friedensstiftung für die Weibchen.

▶ Eine Gorillagruppe braucht nun einmal Ruhe.

Den größten Fehler macht, wer ein Rezept für Führung sucht: Wie wird man Chef, und wie bleibt man es? Ich kann nur darauf verweisen, dass Führung aus biologischer Sicht ebenso viele Formen annimmt, wie es Affenarten gibt. Bei Affen kann sie auf Ruhe oder Wissen beruhen, auf Radaumachen, auf Vertrauen, Körperkraft, Bündnissen, Verwandtschaftsbeziehungen oder auf Alter und Erfahrung.

▶ Welcher Chef passt zu uns? Am besten der,
   der zur Situation passt!

Bei manchen Arten, den Pavianen etwa, kann die Führungsebene auch mal gewechselt werden: Wenn Gefahr droht, übernehmen die Männchen die Führung, weil sie körperlich stärker sind, bei der Nahrungssuche dagegen folgt die Gruppe den älteren Weibchen, weil sie schlichtweg mehr Ahnung davon haben.

172

Ist das situative Führung? Nein! Situative Führung heißt, dass der Führende seinen Stil der Situation anpasst. Bei den Pavianen dagegen wählt die Gruppe den Anführer, der zur jeweiligen Situation passt.

Nach meiner Überzeugung könnte eine Menge Frust und Misserfolg vermieden werden, wenn wir von einem Chef nicht immer erwarten würden, dass er ständig seinen Stil anpasst. Stattdessen sollten wir, wenn möglich, einen neuen Boss so auswählen, dass er der aktuellen Situation entspricht. Dann gäbe es bestimmt nicht so viele gestresste Führungskräfte!

Ein Vorbild sein!

Ein spannender Fall

Einmal nahm eine Gruppe von Führungskräften an unserem Workshop teil, die eigentlich gar keine Führungskräfte sein wollten. Zumindest hatten sie das bei der Berufswahl nicht so vorgehabt. Sie waren Chefs geworden, weil sie immer zu den »Einserschülern« gehört und immer volle Leistung gebracht hatten. Diesem Karriereverlauf begegnet man übrigens in vielen technischen Berufen.

Nun waren diese Führungskräfte zu mir in den Zoo gekommen, weil sie zwar über fachliche Qualifikation, nicht aber über Führungsqualität verfügten. Einer der Herren Ingenieure meinte sogar, er sei so weit von der Belegschaft entfernt, und so viele Ebenen lägen zwischen ihm und seinen Angestellten, dass er sich einfach nicht mehr als Vorbild für die Mitarbeiter am unteren Ende der Hierarchieleiter sehe. Das sei den Teamleitern weit unter ihm vorbehalten.

Mit gutem Beispiel voran

So wie er erleben es leider viele Führungskräfte. Sie verstehen sich nicht mehr als Teil der Gruppe und platzieren sich in einer anderen Sozialstruktur. Die Kunst besteht jedoch darin, mit der Belegschaft die Perspektive zu tauschen. Nur so wird deutlich, dass jeder Mitarbeiter den obersten Chef noch immer als Teil seiner eigenen Sozialstruktur betrachtet. Verhaltensweisen, die von den Mitarbeitern erwartet werden, müssen daher auch auf der Führungsebene anzutreffen sein. Denn Vorbildfunktion hat man auf jeder Ebene!

▶ Wenn der Chef auch nicht mehr jeden Angestellten sieht, so sieht doch jeder Angestellte den Chef.

Auch im Zusammenhang mit Veränderungen der Unternehmenskultur gibt es hier eine wichtige Lektion zu lernen: Wenn Verhalten verändert werden soll, ist das eigene Vorbild nach wie vor das effektivste Instrument.

Das Lausen nicht vergessen!

Ein spannender Fall

Noch eine Geschichte aus meiner »Workshop-Praxis«: Mehrere Angestellte verschiedener Abteilungen eines Krankenhauses waren bei bestimmten Aufgaben auf Zusammenarbeit angewiesen. Aber sie taten es nicht. Die Fragestellung war klar: Warum war das so?

Um ihnen weiterzuhelfen, sollte ich als Beobachter an einer der Besprechungen teilnehmen, die sie alle zwei Wochen abhielten. Sofort fiel mir auf: Jeder betrat für sich den Raum und setzte sich nach einem knappen, förmlichen Gruß irgendwohin. Dann begann er, in seinen Unterlagen zu lesen, und wartete, dass der Leiter die Sitzung eröffnete. Die Tagesordnung wurde innerhalb des vorgesehenen Zeitplans, auf die Minute genau, tadellos abgearbeitet. Niemand machte einen Scherz, niemand wich vom Thema ab – eine höchst effektive Sitzung, wie es schien. Am Ende nahm jeder seine Unterlagen, stand auf und verließ den Raum auf ähnliche Weise, wie er hereingekommen war. Ruhe, Ordnung und Disziplin hatten die Sitzung beherrscht.

Fellpflege

Manchem Chef mag das geradezu ideal erscheinen. Was war also schiefgelaufen? Eigentlich liegt es auf der Hand: Menschen sind nun mal keine Roboter! Wie die Affen müssen sie einander »lausen«, Beziehungen müssen entstehen, es muss gelacht und geklatscht und Kaffee eingeschenkt werden. Und anschließend braucht man eine Nachbesprechung. Denn gute Zusammenarbeit erschöpft sich nicht darin, Termine zu vereinbaren und sich die Absicht der anderen anzuhören. Um die natürliche Dynamik zu erhalten, muss man auch etwas füreinander tun und den Kollegen und sich selbst etwas gönnen.

▶ In Beziehungen sollte man investieren, oder anders gesagt: Gemütliches Lausen ist angesagt!

Die Randbedingungen dafür muss natürlich der Sitzungsleiter, müssen die Chefs schaffen. Häufig erlebe ich jedoch, dass sie jeder nichtinhaltlichen Diskussion schnell aus dem Weg gehen – obwohl sich gerade dabei Beziehungen herausbilden. Deshalb sollte bei jedem Meeting Zeit für soziale Interaktion und Bindungsarbeit eingeplant werden.

Die Kinder ziehen lassen!

Ein spannender Fall

Und jetzt ein typisches Problem aus der Welt der Kinder: Ein Bauunternehmer berichtete uns von Schwierigkeiten mit einem älteren Zimmermann in seiner Firma: Er hatte den Mann regelmäßig aufgefordert, sein Wissen und Können an die jüngere Generation weiterzugeben. Unter den verschiedensten Vorwänden hatte sich dieser der Aufgabe immer wieder entzogen. Ein klassischer Fall! Der Zimmermann wollte sein »Baby« nicht loslassen. Für ihn war sein Können eine Kunst, einzigartig und im Betrieb unentbehrlich, ein »Kind«, das er hegte und pflegte. Das ähnelte schon fast den Berberaffen, welche die Jungtiere ihrer Artgenossen kidnappen und als Statussymbol herumzeigen. Der Zimmermann versuchte, seine Position und seinen Status bis zum Rentenalter zu sichern, was aber letztlich auf Kosten des Betriebs ging.

Inzwischen ist der Fall gelöst. Er gibt sein Wissen weiter, im Tausch gegen zwei neue »Kinder«: eine Arbeitsplatzgarantie bis zur Verrentung und einen neuen Status als Ausbilder im Bereich Holzbearbeitung.

Der Kindergarten wird geschlossen

Immer wieder werde ich gefragt, was denn eigentlich mit den »Babys« im Unternehmen zu tun sei, gerade wenn sie Veränderungen behindern oder die Kontinuität gefährden. Ich empfehle, schrittweise vorzugehen:

Im ersten Schritt sollten die »Kinder« auch als solche erkannt werden. Im Zuge von Veränderungsprozessen wird oft sehr ausführlich über die Hemmschwellen diskutiert, die Veränderungen blockieren, und darüber, wie mit ihnen umzugehen sei. Niemand bemerkt aber, was der Grund dieser Hemmung ist: Es handelt sich um die »Babys« der Mitarbeiter, die sie nicht verlieren möchten.

▶ »Babys«, die den Wandel blockieren, müssen das »Elternhaus« beziehungsweise die Firma leider verlassen.

Im zweiten Schritt sollten die »Kinder«, die Veränderungen im Unternehmen blockieren oder die, deren »Eltern« ganze Prozesse beherrschen, leider »um die Ecke gebracht« werden. Das klingt natürlich hart. Trotzdem dürfen wir nicht vergessen, dass es sich lediglich um einen symbolischen Status handelt, an dem manche Mitarbeiter mit aller Kraft festhalten.

▶ Stellen Sie die »Babys« der Mitarbeiter nicht allzu sehr in den Mittelpunkt!

Verständlicherweise fehlt vielen Chefs der Mut, den Mitarbeitern ihre »Babys« zu entreißen. Sie räumen ihnen bei Veränderungsprozessen Sonderrechte ein oder lassen Ausnahmen zu. Der größte Fehler besteht dabei darin, die »Kinder« zu belohnen oder ihnen zu viel Aufmerksamkeit zu widmen. Endlose Debatten, wie sie auch im richtigen Leben so oft um den Nachwuchs geführt werden, bestärken deren »Eltern« nur im Glauben, dass ihre »Kleinen« wichtiger seien als alles andere.

Solch künstliche Statussymbole stehen der Weiterentwicklung anderer Kollegen im Weg. Oft geht es auf deren Kosten, wenn Wissen, Können, Information und Privilegien nicht weitergegeben werden. Auch deshalb ist es wichtig, dass ein Chef die »Babys« seiner Mitarbeiter nicht allzu lange duldet.

Bei Veränderungen mitdenken!

Ein spannender Fall

Während der Finanzkrise in den Jahren 2008 und 2009 sahen sich viele Unternehmen gezwungen, Veränderungen durchzuführen. Einer der Betriebe, die unter der Krise zu leiden hatten, war ein Autozulieferer. Die Umsätze in der entsprechenden Sparte gingen zurück, und die Führungsebene musste planen. An einem externen Tagungsort wollte man über das weitere Vorgehen entscheiden. Ich war eingeladen, daran teilzunehmen und einen Nachmittag lang über die Durchführung von Veränderungen aus ungewohnter Perspektive zu sprechen. Das Team wollte mit offenen Augen an die Sache herangehen und war durchaus bereit, eingefahrene Denkmuster zu verlassen.

▶ Bei Bonobos geht alles schnell, und der Sex ist immer dabei.

Ich stellte den Führungskräften also die Erfahrungen vor, die man bei der Integration einzelner Bonobos in eine Gruppe gemacht hatte. Typisch für diese Tiere ist, dass Veränderungsprozesse schnell ablaufen und mit viel Sex einhergehen. Tatsächlich beschloss das Unternehmen daraufhin eine Umstrukturierung auf Bonobomanier – schnell, wenn auch ohne Sex. Man wollte rasch Klarheit schaffen und dann die Umsetzung in Angriff nehmen.

Ein Jahr später erzählte mir der Personalchef dieser Firma, dass die zügige Umstrukturierung wirklich auf große Akzeptanz gestoßen sei. Sie habe bei den Beteiligten großen Beifall gefunden und vor allem den Betroffenen viel Kummer erspart.

178

Live the flow!

Und trotzdem: Ein allgemeingültiges Rezept für die optimale Durchführung von Veränderungen hat im Grunde niemand. Die Thematik ist wissenschaftlich noch kaum erforscht. Auf der Grundlage von Untersuchungen und Erfahrungen mit den Affen gebe ich Führungskräften, die Veränderungen planen, oft die folgenden Empfehlungen mit auf den Weg. Die Aufzählung garantiert zwar keinen unbedingten Erfolg, aber sie zeigt Fallstricke auf. Und sie ermöglicht es, Erfolgschancen zu verbessern und Veränderungen zügiger durchzuführen.

▶ Wenn Sie als Chef Veränderungen planen, geben Sie kurzen Phasen mit hohem Stresspegel den Vorzug vor langen Phasen mit niedrigem Stresspegel.

In den vergangenen Jahren bin ich mehr und mehr zu der Überzeugung gelangt, dass Veränderungen im Unternehmen viel zu langsam durchgeführt werden. Ein sorgfältiger, aufmerksamer Umgang mit den Mitarbeitern wird oft mit einem langwierigen Prozess verwechselt, der viele kleine Schritte erfordert – ein Irrtum, der wissenschaftlich durch nichts gestützt wird. Die Mitarbeiter machen dabei nämlich eine ziemlich lange Phase der Unsicherheit durch. Stattdessen weiß man aus Untersuchungen unter anderem an Bonobos, dass allmähliche Veränderungen zu einer hohen, lang anhaltenden Konzentration von Stresshormonen im Blut führen. Besser vertragen werden schnelle Veränderungen mit kurzen, starken Stressimpulsen. Das dürfte auch auf uns Menschen zutreffen, wie auch das erwähnte Beispiel zeigt: Der Autozulieferer klärte die Belegschaft schon wenige Wochen nach der Strategiesitzung über die Folgen der anstehenden Maßnahmen auf. Wieder einige Wochen später wusste jeder in der Firma, mit welchen Folgen er persönlich zu rechnen hatte, und die Veränderungen konnten relativ problemlos vollzogen werden.

▶ Achten Sie auf Stresssignale.

Lassen Sie sich also nicht von langwierigen Zeitplanungen leiten, wenn Sie Veränderungen vorhaben. Schnelles Handeln wird vielfach als unsorgfältig abgestempelt, ich sehe aber immer wieder lang dauernde Verfahren, denen es weit mehr an Sorgfalt fehlt. Ihre Ziele sollten daher nicht über bestimmte Liefertermine, sondern über ein bestimmtes Verhalten und bestimmte Ergebnisse definiert werden. Grundsätzlich sollten Sie natürlich versuchen, den Stress so weit wie möglich zu begrenzen.

▶ Denken Sie unkonventionell,
und gehen Sie neue Wege!

Das wissen Sie schon längst: Als Chef sollten Sie das Verhalten Ihrer Mitarbeiter kennen und sich davor hüten, Verhaltensänderungen falsch zu interpretieren. Beginnen Sie nicht erst dann, sie zu beobachten, wenn die Veränderung einsetzt, sondern unbedingt schon vorher!

▶ Beziehen Sie frühere Erfahrungen mit ein.

Bevor das Führungsteam mein Seminar besuchte, wäre ein so rasches Vorgehen bei einer Veränderung noch von Betriebsrat und Gewerkschaften als unverantwortlich verurteilt worden. Hinterher wurde es dann aber gerühmt. Es erfordert natürlich Courage, einfach mal etwas anders zu machen als die anderen und zum Beispiel rasch Klarheit zu schaffen, statt wie üblich langsam Schritt für Schritt zu gehen. Oft zeigt sich aber, dass andere Wege auch zum Ziel führen können. Halten Sie sich stets die Interessen der Betroffenen vor Augen. Wer bei Veränderungen mit großen Nachteilen zu rechnen hat, wird den Neuerungen am kritischsten gegenüberstehen und versuchen, den Prozess möglichst zu beeinflussen. Ich wage sogar zu behaupten, dass viele Veränderungen nicht an der Belegschaft, sondern sogar an der Führungsetage selbst scheitern. Wer kennt das nicht: Häufig kommt es vor, dass die Unternehmensführung auf halbem Wege Kursänderungen vornimmt. Denn mit jeder Umstrukturierung geht sie ein hohes Risiko ein und hat daher auch am meisten zu verlieren. Deshalb sollte gerade diese Gruppe bei Neuerungen stärker in den Fokus rücken.

▶ Rechnen Sie damit, dass diejenigen, die am meisten zu verlieren haben, am heftigsten Widerstand leisten.

Immer wieder höre ich, dass Chefs mit folgenden Äußerungen aus der Belegschaft konfrontiert werden: »Das hatten wir schon mal«, »Das geht auch wieder vorbei« oder »Das ist jetzt schon der X-te, der das probiert«. Solche Einwände sollten nicht mit der Bemerkung »Aber diesmal wird sich wirklich etwas ändern« abgetan werden. Denken Sie daran, dass das auch schon alle vor Ihnen gesagt haben. Wichtig ist, dass Sie tatsächlich handeln, und zwar gleich morgen, nicht erst in einem halben Jahr.

▶ Jeder ist Beteiligter und Betroffener zugleich

Häufig haben die Entscheidungsträger eines Unternehmens die Gruppe der Betroffenen nicht gut im Blick. Ich habe mehrmals erlebt, dass bei einer Fusion die – oft nur wenigen – Mitarbeiter der übernommenen Firma mit größter Sorgfalt integriert, die der ursprünglichen Firma aber kaum über den Prozess informiert, geschweige denn begleitend unterstützt wurden. Fusionen und andere Veränderungen werden durch solche Versäumnisse oft unnötig erschwert. Seien Sie sich bewusst, dass die Neuerungen für alle Beteiligten gleich groß sind, auch wenn zwanzig Personen in eine Gruppe von achtzig integriert werden. Sorgen Sie dafür, dass jeder die Aufmerksamkeit und vor allem die Information erhält, auf die er ein Recht hat.

Häufig wird zudem übersehen, dass auch die Unternehmensführung einschließlich des Topmanagements selbst Teil der Veränderungen ist.

Richtig kommunizieren!

Ein spannender Fall

Das letzte Beispiel aus der Praxis: Ein Team von Mitarbeitern eines Unternehmens bat mich, etwas gegen sein Negativimage zu tun. Die Mitglieder des Teams litten seit einem Jahr darunter, dass sie von den Kollegen geschnitten und verurteilt wurden. Obwohl sie gute Arbeit leisteten, länger im Büro saßen als andere, mehr Erfahrung hatten, bessere Ergebnisse erzielten und Projekte realisierten, die anderswo scheiterten, wurden sie in der Firma abgeschrieben. Sie stießen fortwährend auf Ablehnung, Prestigeprojekte gingen ihnen durch die Lappen, Mittel wurden gestrichen, und der Teamleiter wurde ständig auf ihre negative Einstellung angesprochen.

Ich kannte das Team schon länger, kannte jeden Einzelnen,

wusste von ihren Qualitäten, was sie geleistet hatten. Schnell wurde mir klar, welche Ursachen ihr Imageproblem hatte:

In ihrer Abteilung herrschte Chaos. Sie horteten die verschiedensten Dinge, die nichts mit Arbeit zu tun hatten. Einer der Mitarbeiter hatte zum Beispiel ein kleines Vermögen in Form von leeren Pfandflaschen im Schrank, bei anderen quoll der Schreibtisch vor Krimskrams über.

▶ Die falsche Form der Kommunikation kann das eigene Image zerstören.

Zudem war die Kleidung der Leute weit von dem entfernt, was man im Unternehmen als »Standard« bezeichnet. Bei einigen hatte ich sogar den Verdacht, dass sie zur Arbeit extra löchrige Pullover anzogen.

Hinzu kam, dass sie auf eine sehr zynische Art und Weise miteinander kommunizierten. Anfragen und Bitten beantworteten sie schlichtweg negativ, und die Kommunikation mit anderen Abteilungen hielten sie für Zeitverschwendung. Fragen neuer Kollegen aus anderen Abteilungen bezeichneten sie durchweg als dumm.

Dieses Team brauchte nur eines: einen guten Spiegel. Gemeinsam blickten wir auf die Affen und stellten fest, was in der Kommunikation falsch lief. Am Ende des Workshops trafen wir eine Reihe von Vereinbarungen:

▶ Es geht um so viel mehr als nur um Worte!

Ein Anzugtag wurde eingeführt. Zunächst wollte es den Teammitgliedern nicht in den Kopf, dass ihre Kleidung zum Negativimage beitrug. Trotzdem erklärten sie sich zu einem Experiment bereit. Einmal pro Woche sollten sie im Anzug oder zumindest einigermaßen repräsentativ gekleidet zur Arbeit erscheinen. Nach drei Wochen erzählte mir einer der Teilnehmer: »Plötzlich grüßen mich Leute, für die ich vorher Luft war.« Das Experiment war geglückt. Vielen ist überhaupt nicht bewusst, dass zur Kommunikation auch der optische Eindruck gehört, den wir über Kleidung und Arbeitsumfeld vermitteln. Ein Blick in den Spiegel dann und wann – dieses Mal im wörtlichen Sinne – kann daher nicht schaden. Natürlich steht es jedem frei, inwieweit er sich nach den Erwartungen anderer richtet. Aber es steht auch den anderen frei, sich ihr eigenes Urteil zu bilden.

Als zweite Maßnahme räumten wir deshalb auf. Die Teilnehmer verständigten sich zudem darüber, was wo aufbewahrt werden sollte. Natürlich wurden sie sofort von Kollegen auf die Ordnung in ihren Räumen angesprochen. Vor allem fanden sie aber selbst, dass es sich jetzt viel angenehmer arbeitete.

▶ Bleiben Sie sachlich und denken Sie an Ihr Gegenüber, wenn Ihre Mitteilung ankommen soll.

Zur weiteren Optimierung der Kommunikation mussten wir uns um eine Regelung kümmern, der zufolge Fragen an die Abteilung nicht mehr wie früher persönlich gestellt werden durften, sondern per E-Mail eingereicht werden mussten. Wer also eine Frage oder Bitte an das Team stellte, sah vorerst nur das lapidare »Nein« auf den Bildschirm, hörte aber nicht mehr das Lachen des Befragten, das ihm sagte, dass dieses Nein nicht ernst gemeint war. So trat eine gewisse Kommunikationsverarmung ein, denn die nonverbale Kommunikation, die das Nein früher begleitet hatte, war nicht mehr sichtbar. Das machte schließlich eine andere Art des Kommunizierens erforderlich: Das zynische Nein musste einem sachlichen Austausch von Argumenten weichen. Die Teammitglieder hatten erkannt, dass Kommunikation eine Interaktion zwischen Sender und Empfänger ist. Das bedeutet, dass man sich hin und wieder auch in sein Gegenüber hineinversetzen muss, damit die Mitteilung ankommen kann. Falscher Zynismus, unsachliche Kommentare oder das Verweigern von Kommunikation sind fehl am Platze, wenn die Verständigung miteinander funktionieren soll. Zudem müssen wir unsere Art des Kommunizierens immer wieder veränderten Bedingungen anpassen. Neue Entwicklungen, wie E-Mail (die ja erst seit fünfzehn Jahren in den Unternehmen Standard ist), SMS oder Twitter, verlangen auch eine andere Art des Kommunizierens. Am Ende der Maßnahmen war allen Teilnehmern des Workshops klar geworden, dass es in ihrer Hand lag, etwas gegen ihr Negativimage zu tun. So konnten alle ihren Anzug innerhalb eines halben Jahres wieder ablegen.

Wir sind ein Team

▶ Alle sollten mithelfen, damit Kommunikation funktioniert.

Zum Schluss möchte ich Ihnen noch eine wichtige Lektion mitgeben. Sie ist meine Antwort auf folgende Äußerung, die ich leider immer wieder höre:»Der andere hätte eben besser zuhören müssen.« Bitte denken Sie daran: Für eine gute Kommunikation sind alle Beteiligten verantwortlich. Wälzen Sie also nicht die Verantwortung auf andere ab.

Das Beste zum Schluss!

Sex sells...

Vor einigen Jahren besuchte ich den Zoo von Vincennes bei Paris. Der Tag war aber so schrecklich trübe, dass ich beschloss, den Zoo bald wieder zu verlassen. Bevor ich endgültig vor dem Regen flüchtete, wollte ich unbedingt noch kurz bei den Pavianen und Makaken vorbeischauen. Als ich also vor dem Paviangehege stand, vernahm ich die typischen »Oh-oh«-Laute weiblicher Tiere, die von einem Männchen bestiegen werden. Als erwachsener Biologe mit dem Herzen eines ewigen Jungspunds wollte ich mir natürlich das Nachspiel nicht entgehen lassen. So wurde ich Zeuge eines unglaublich spannenden und aussagekräftigen Verhaltens:

Das Männchen, das das Weibchen bestiegen hatte, war ganz offensichtlich nicht der Anführer der Gruppe. Nun hatten aber die »Oh-oh«-Laute des Weibchens den Chef der Affen alarmiert. Prompt richtete der sich auf, um zu sehen, wer sich an einer seiner Haremsdamen vergriffen hatte. Doch das Liebespaar befand sich außerhalb seines Blickfelds. Nach dem »Liebesakt« lief das Weibchen dann sofort zu ihm und begann die Tiere in seiner Nähe zu lausen. Dabei rückte sie immer näher an den Anführer heran, bis sie ihn schließlich selbst lauste. Dieser blieb dennoch unruhig.

Der Übeltäter seinerseits saß mit einer weithin sichtbaren Erektion da. Er wusste offensichtlich, dass der Anführer ihn zunächst nicht mit dem Seitensprung in Verbindung bringen konnte, weil er ihn dabei nicht hatte sehen können. Seine Erektion aber würde den unumstößlichen Beweis liefern. Der Affe bedeckte sie daher mit den Händen und flüchtete zu einer Gruppe junger Männchen, ohne die Hände wegzunehmen. Dabei kontrollierte er ab und zu flüchtig, ob sein Geschlecht wieder normale Dimensionen angenommen hatte. Zugleich spähte er wiederholt zum Anführer hinüber, vermied jedoch jeden direkten Kontakt mit ihm und zeigte ein nervöses Grinsen. Durch Kontaktaufnahme mit den anderen Affen versuchte er, wieder normale Verhältnisse herzustellen, hielt jedoch weiter die Hände vor sein Geschlecht.

Die Szene dauerte nur fünf Minuten, berührte aber einen großen Teil dessen, wovon in diesem Buch die Rede ist. Es ging um Machtverhältnisse innerhalb der Gruppe und um die Vorteile und Überlebenschancen (der Nachkommen), die sich daraus ergeben. Es ging um das Sichern von Unterstützung, um Stress, um Flucht und um Problembewusstsein. Und vor allem ging es um Kommunikation, um das Wissen von Signalen und darum, welche Wirkung sie haben. Zu guter Letzt ging es natürlich auch um Täuschung.

Zurück zu den Wurzeln

In jedem Unternehmen laufen vergleichbare Szenen ab, allerdings oft, ohne dass sie als solche erkannt werden. Ich hoffe, Ihnen mit diesem Buch das Rüstzeug an die Hand zu geben, mit dem Sie genau diese Szenen in Ihrer Firma wahrnehmen, interpretieren und einordnen können, sodass sich Einzelereignisse zu einem Ganzen fügen.

▶ Unser Verstand spielt nicht immer die Hauptrolle.

Gelingt dies, haben Sie das Ziel, das mir vorschwebte, erreicht: Ihnen wird bewusst, dass unser Verhalten zum großen Teil von den Genen gesteuert wird. Die Natur setzt uns immer wieder Grenzen, und deshalb lässt sich leider nicht jedes Problem in der Firma auf betriebswirtschaftliche Art lösen.

Ignorieren Sie die Informationen nicht, die seit Jahrmillionen in unseren Genen gespeichert sind! Nehmen Sie sich die Zeit, Verhalten zu beobachten und zu verstehen, und kehren Sie wenigstens in Gedanken immer wieder zum Affenfelsen zurück.